Daniel Johnson

SCHMIEDEN FÜR EINSTEIGER

Materialien, Werkzeuge, Techniken und einfache Projekte

WIELAND

Daniel Johnson

Schmieden für Einsteiger

Materialien, Werkzeuge, Techniken und einfache Projekte

Titel der Originalausgabe:
Blacksmithing – A Guide to Practical Metalworking, Tools, and Techniques

Lektorat: Michael Spilling
Design: Mark Batley
Fotograf: Adam Gnych
Bildredaktion: Terry Forshaw

1. Auflage der deutschen Ausgabe, 2024

ISBN 978-3-948264-26-0

Ins Deutsche übersetzt von: Oliver Lang und Tobias Haselmayr
Satz und Layout der deutschen Fassung: Caroline Wydeau
Lektorat: Birgit Arnold
Schlussredaktion: Karola Wieland

Druck: Print Consult
Printed in EU

MIX
Papier | Fördert gute Waldnutzung
FSC® C084279

INHALT

WAS IST SCHMIEDEKUNST?

Auf diesem Bild, das sich auf einem Terrakotta-Trinkbecher aus dem 6. Jahrhundert v. Chr. findet, ist bereits ein Schmied dargestellt, der mit Hammer und Zange arbeitet.

In diesem Buch erfahren Sie alles über die Grundlagen des Schmiedehandwerks, angefangen von den verschiedenen Techniken bis hin zu den Werkzeugen. Die Begriffe „Schmieden" und „Schmied" beziehen sich historisch gesehen auf die Bearbeitung von Eisen, das beim Erhitzen schwarz verzundert, daher auch der englische Begriff „blacksmith".

Zunächst lernen Sie die grundlegenden Schmiedetechniken kennen, mit denen sich viele Projekte umsetzen lassen. Sieben „Schritt für Schritt"-Anleitungen – vom geschmiedeten Anhänger bis zum Messer – folgen am Ende dieses Buches. Die ersten Projekte dienen dabei vor allem zum Erlernen der Basis-Techniken und der notwendigen Präzision.

Für jedes Projekt werden alle benötigten Materialien und Maße angegeben, die Werkzeuge sowie die zugrundeliegenden Techniken. Alle Projekte können auch mit Altmetall durchgeführt werden, um Kosten zu sparen. Kleinere Maßabweichungen spielen letztlich keine Rolle, und die Werkstücke können auf Wunsch auch größer oder kleiner gefertigt werden.

SCHMIEDEKUNST IM LAUFE DER JAHRHUNDERTE

Schmiede werden seit jeher hoch geschätzt. Sie waren es schließlich, die alltägliche Gegenstände für die Gemeinschaft sowie Werkzeuge für Handwerker und Landwirte reparierten und fertigten. Zu Kriegszeiten kam ihnen die wichtige Aufgabe zu, Waffen herzustellen. Ihr Handwerk war so bedeutend, dass sich die Schmieden oftmals im Zentrum der Dörfer befanden. Auch auf hoher See wurde die Handwerkskunst der Schmiede

Dieses Marmorrelief aus Pompeji, Italien, aus dem 1. Jahrhundert n. Chr. zeigt einen römischen Kupferschmied bei der Arbeit. Schmiede waren in der Antike angesehene Handwerker, die Werkzeuge, Gebrauchsgegenstände, Haushaltswaren, Waffen und Rüstungen herstellen konnten.

The Blacksmith's Shop (Öl auf Leinwand, 1771) von Joseph Wright aus Derby, England. Wright schuf in den Jahren 1771 bis 1773 fünf Gemälde zum Thema Schmiedehandwerk. Diese Darstellung zeigt zwei Schmiede, die ein Hufeisen schmieden, damit eine Gruppe von Reisenden ihre Reise fortsetzen kann.

benötigt – eine kleine Schmiede befand sich wann immer möglich an Bord.

Als die Industrialisierung im 18. und 19. Jahrhundert einsetzte und ehemals handgefertigte Einzelstücke preisgünstig und in Masse produziert werden konnten, ging die Zahl der Schmiede unweigerlich zurück. Mit dem Rückgang der Nachfrage nach neuen handgeschmiedeten Alltagsgegenständen spezialisierten sich viele Schmiede – und auch andere Handwerkszweige – auf künstlerisch anspruchsvollere Arbeiten sowie Reparaturen.

DIE GRUNDLAGEN

Als Schmiedeanfänger sollte man es langsam angehen lassen und sich die Grundlagen Schritt für Schritt aneignen. Sonst kann die Schmiedekunst rasch entmutigend werden. Und das wäre schade. Denn Sie werden schon rasch feststellen, dass die von Ihnen hergestellten Gegenstände mit zunehmender Fertigkeit und Sicherheit immer komplexer und komplizierter werden dürfen. Und sobald Sie auch mehr über die Eigenschaften anderer Metalle und Materialien und deren Verarbeitung wissen, können Sie mit Formen und Gestaltungsdetails experimentieren.

Kraft ist übrigens nicht der Schlüssel, um ein guter Schmied zu sein – schließlich wurden Werkzeuge wie der Maschinenhammer erfunden, um die schwere Arbeit zu erledigen. Das ermöglicht es Ihnen, sich auf die Details zu konzentrieren. Um sich die Arbeit zu erleichtern, kann man alternativ auch auf leichteres Material zurückgreifen. Sehr wichtig ist auch die Fähigkeit, sich den Gegenstand, den man herstellen möchte, dreidimensional vorstellen zu können. Und das kann man lernen.

Ein Schmied bei der Arbeit an einem Amboss vor seiner Schmiede (zirka 1857). In den Anfangsjahren der Fotografie waren solche Darstellungen, die das Leben der einfachen Leute, Handwerker, Kunsthandwerker und Arbeiter zeigten, sehr beliebt.

Aber letztlich läuft alles auf Folgendes hinaus: Nehmen Sie einen Hammer in die Hand und legen Sie einfach los. Je mehr Sie schmieden, desto mehr Erfahrung sammeln Sie.

SCHMIEDEKUNST HEUTE

Heute geht es beim Schmieden oft um Auftragsarbeiten und darum, eigene oder fremde Ideen in dreidimensionale Metallformen umzusetzen. Das Schmieden ist eine Fertigkeit und ein Prozess, der einen dauerhaften Abdruck seines „Schöpfers" hinterlässt. Ein Schmied ist bei historischen Restaurierungsarbeiten zusammen mit anderen Handwerksberufen gefragt, um historische Metallarbeiten authentisch zu restaurieren und zu reparieren.

Es besteht ein großer Unterschied zwischen Schmieden und Hufschmieden: Während ein Schmied in der Bearbeitung von Metall und im Bauwesen ausgebildet ist, arbeitet ein Hufschmied mit Pferden und benötigt eine Ausbildung im Schmiedehandwerk, um das Hufeisen richtig zu formen. Sie sind beide in Schmiedetechniken ausgebildet, haben sich aber auf unterschiedliche Bereiche spezialisiert.

Zu den wenigen britischen Hochschulen, an denen Schmiedekunst gelehrt wird, gehört das Hereford College of Arts im Vereinigten Königreich, das einen Studiengang für Kunstschmiede (BA) anbietet. In den USA bietet die Southern Illinois University mehrere Metallbearbeitungskurse und einen Masterstudiengang (MA) im Schmiedehandwerk an. An der Universität Göteborg in Schweden gibt es einen Studiengang für angewandte Kunst und Design im Bereich Metallkunst.

Diese Schmiedin arbeitet an einem recht fortgeschrittenen Projekt, bei dem es um die Herstellung eines blattförmigen Stab-Endes für ein Tor geht.

GRUNDLEGENDE TECHNIKEN

Beim Schmieden werden verschiedene Techniken angewandt, um das Material auf die gewünschte Weise zu schmieden. Einige der grundlegenden Methoden, die in diesem Buch beschrieben werden, sind: Strecken, Biegen, Stauchen, Durchschlagen, Rollen, Verdrehen (Tordieren), Nieten und Feuerschweißen. Diese Techniken können einzeln oder in Kombination angewandt werden, um damit zum Beispiel komplex geschmiedete Skulpturen oder Tore herzustellen.

STRECKEN

Beim Strecken wird das Material mit Hammerschlägen bearbeitet, wobei die Hammerschläge

Durch Hämmern und Drehen um 180 Grad wird eine zweiseitige Verjüngung erzeugt.

Bei dieser Technik wandeln die Hammerschläge die Dicke des Materials in Länge um.

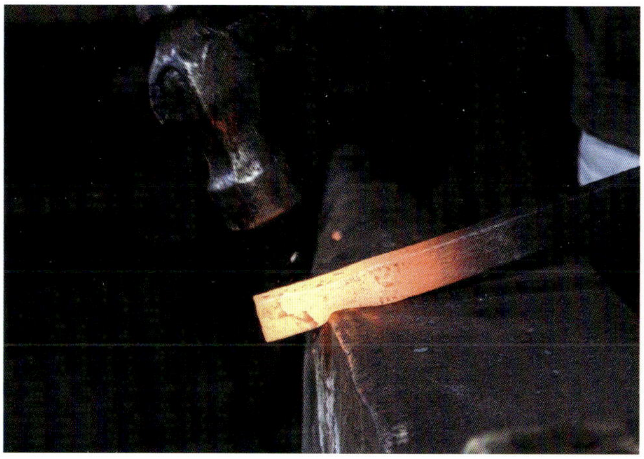

Schläge, die auf dem Bereich links und rechts der Ambosskante landen, bewirken, dass das Material über die Kante abgesetzt wird. An der Unterseite des Werkstücks entsteht eine Stufe.

von oben auf das Material auftreffen. Das Werkstück wird zwischen den Schlägen um 90 Grad gedreht. Das erzeugt eine gleichmäßige, vierseitige Verjüngung.

ABSETZEN

Beim Absetzen wird ein Bereich des Werkstücks isoliert, indem es zunächst über die Kante eines Ambosses gelegt wird. Die Hammerschläge, die halb auf und halb neben dem Amboss landen, bewirken, dass das Material über die Ambosskante gebogen, also abgesetzt wird. Das Werkstück behält dabei eine gerade Oberkante. Auf der Unterseite des Materials entsteht eine Stufe, der Absatz.

BIEGEN

Indem man eine auf Umformungstemperatur erhitzte Metallstange über das Horn oder die Kante eines Ambosses hämmert, kann man diese biegen. Eine kontrollierte Biegung lässt sich auch durch die Verwendung einer sogenannten Biegevorrichtung oder Zange, eines Schraubstocks oder einer Biegegabel erzielen.

Ein Schmied nutzt das Rundhorn seines Ambosses, um eine Metallstange zu biegen.

Durch eine gezielte Hitzezufuhr lässt sich der Grad der Tordierung steuern. Denn Bereiche, die höher erhitzt wurden, lassen sich leichter tordieren als solche, die kühler sind.

VERDREHEN ODER TORDIEREN

Durch das Verdrehen einer auf Umformungstemperatur erhitzten Vierkantstange kann eine mehr oder weniger detaillierte Ausformung mitten in einer Stange entstehen. Je mehr Kanten die Metallstange hat, desto feiner und detailreicher wird die Torsion.

STAUCHEN

Diese Technik bezeichnet das Gegenteil des Streckens. Dabei wird ein bestimmter Bereich eines Metallstabs erhitzt und anschließend durch Hammerschläge auf sich selbst zurückgedrängt. Das führt zu einer Zunahme des Umfangs in dem erhitzten Bereich.

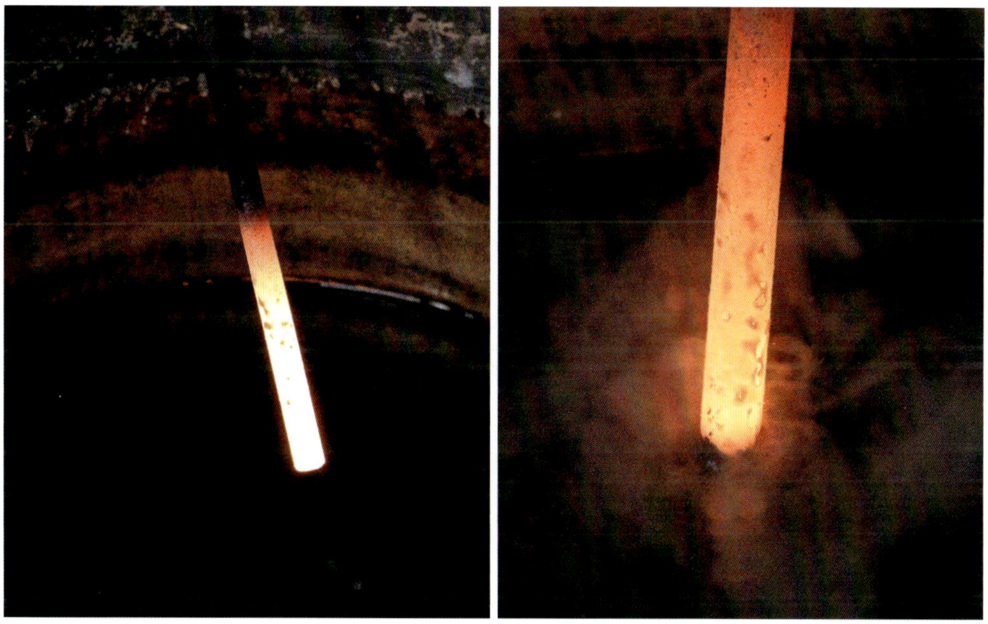

Durch Abschrecken des Endes einer erhitzten Stange (siehe auch Seite 99) kann man einen definierten Übergang schaffen. Das abgeschreckte Ende wird härter und lässt sich nicht mehr so leicht verformen.

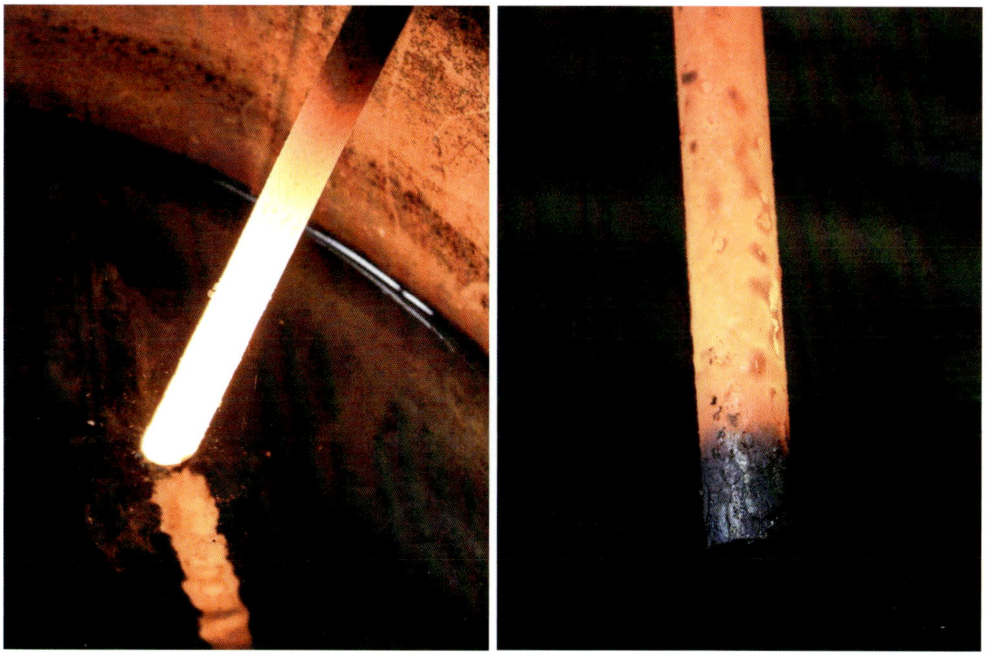

Der scharfe Temperaturabbruch innerhalb der Stange ist hier deutlich zu erkennen. Der abrupt abgekühlte Bereich lässt sich deutlich weniger leicht verformen.

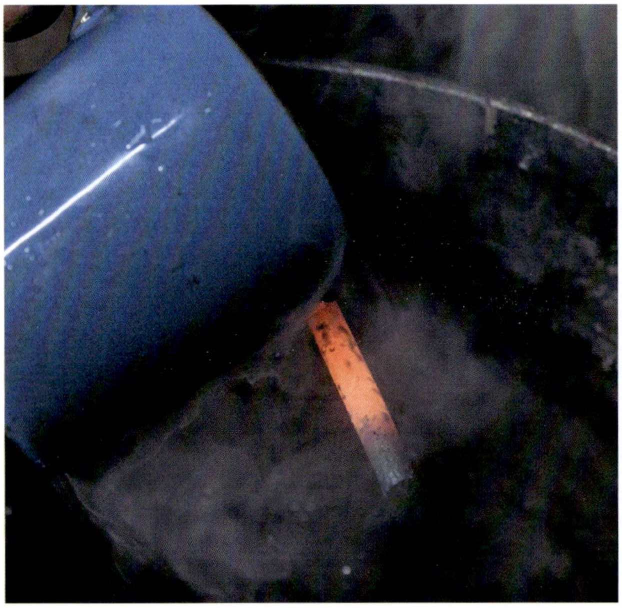

Oben links: Durch das Stauchen wird das Werkstück an Umfang zunehmen. Das geht einher mit einem Verlust an Länge.

Oben rechts: Mithilfe eines Topfes oder einer Kanne können Sie ganz gezielt den Bereich abkühlen, den Sie später beim eigentlichen Stauchvorgang nicht bearbeiten wollen.

Wenn Sie die Stange senkrecht auf die Ambossbahn stellen und mit dem Hammer auf das kalte Ende schlagen, wird sich der Bereich stauchen, der am stärksten erhitzt ist.

LOCHEN

Beim Schmieden ist das Lochen mit einem Meißel oft die schnellste Methode, um ein Loch in einer Metallstange zu erzeugen. Diese Methode ist viel schneller als das zeitraubende Abkühlenlassen des Materials und das folgende Bohren mit einer Bohrmaschine. Ein schnelles Abschrecken würde hier keinen Vorteil bringen, da das Metall dabei meist härtet und sich dadurch nur noch schwerer bohren lässt.

Das Bohren von gehärtetem Material dauert länger und kann dazu führen, dass die Bohrer schnell verschleißen. Einfaches Wiedererwärmen des Werkstücks und der Einsatz eines Durchschlags sind in der Regel deutlich schneller.

Markieren Sie zunächst auf dem kalten Werkstück die Stelle, an der das Loch angebracht werden soll. Erhitzen Sie dann das Material auf eine geeignete Temperatur. Setzen Sie anschließend einen Durchschlag (Lochmeißel) an der markierten Stelle an.

Schlagen Sie mit dem Hammer auf den Durchschlag, um ein Loch zu erzeugen. Heben Sie den Meißel immer wieder vom Material ab, damit er nicht überhitzt und dabei an Härte verliert.

EINROLLEN

Beim Einrollen wird eine zum Ende hin dünner werdende Stange nach den Proportionen des goldenen Schnitts eingerollt. Es handelt sich um eine Methode, die recht häufig als Abschluss eingesetzt wird. Dazu wird das Werkstück über das Horn des Ambosses geschmiedet und anschließend mit Hilfe von Biegegabeln, Biegezangen oder anderen Vorrichtungen in die richtige Form gebracht.

Zum Schmieden des verschnörkelten Abschlusses wird das Ende der Stange zunächst über die Kante des Ambosses geschmiedet.

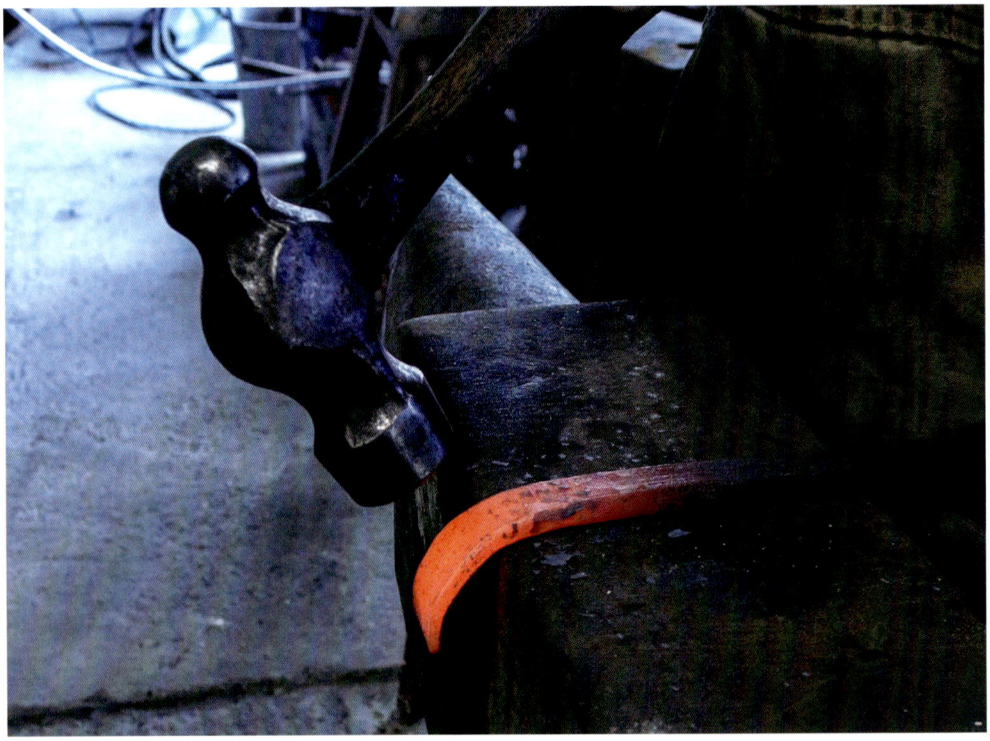

Drehen Sie die Stange um 180 Grad, sodass die Krümmung nach oben zeigt. Hämmern Sie das Ende zunächst in Richtung Ihres Körpers, um die Form zu verfeinern und die Spirale enger zu rollen. Um den notwendigen Radius umzusetzen, muss die Stange wieder gedreht und das Ende nach unten geschlagen werden. Wechseln Sie zwischen diesen beiden Techniken, bis der Schnörkel die gewünschte Form und Größe erreicht hat. Die Biegung des Schnörkels kann durch Hammerschläge in Richtung Körper enger geformt werden.

POLIEREN

Das Polieren ist ein entscheidender letzter Schritt bei der Herstellung von Messern und anderen Gegenständen. Die Politur folgt in der Regel auf das Schleifen von Hand bis zu einer Körnung von etwa 400.

Schwabbelscheiben (von unten): Eine sehr weiche, nicht vernähte Baumwoll-Schwabbelscheibe für die finale Politur, eine spiralförmig abgesetzte Baumwoll-Schwabbelscheibe für die Vorpolitur oder Feinpolitur, eine grobe, vernähte Sisalscheibe, die haltbarer als die beiden anderen Scheiben ist, und ein Stück Polierwachs.

Auf die Schwabbelscheibe lässt sich mit leichtem Druck eine handelsübliche Polierpaste auftragen. Tragen Sie nicht zu viel Paste auf. Fügen Sie mehr hinzu, wenn Sie den Gegenstand von Hand polieren.

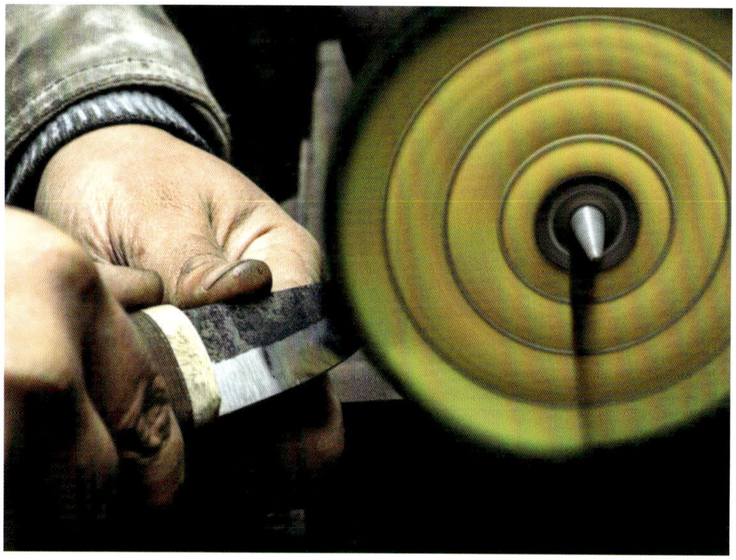

Wenden Sie während des Grobpolierens sanften Druck an, um die Maschinengeschwindigkeit und den Poliervorgang effektiv auszunutzen.

KAPITEL 2

DIE WERKSTATT

Von einer gut eingerichteten Werkstatt werden Sie sowohl in Bezug auf Ihre Produktivität als auch Ihre Sicherheit profitieren. Die Positionierung der einzelnen Werkzeuge und Maschinen sollte so erfolgen, dass sie den aufeinander aufbauenden Arbeitsschritten entspricht. Halten Sie dabei auch ausreichend Platz zwischen den einzelnen Arbeitsbereichen ein. Optimal wäre zudem ein zentraler, übersichtlicher Ort mit einer Tafel, auf der Sie mit Kreide Projektpläne in voller Größe zeichnen können.

Idealerweise sollte Ihre Werkstatt einen guten Zugang bieten, sodass Maschinen und Materialien leicht hinein und fertige Werkstücke leicht hinaus bewegt werden können. Ein großes Rolltor oder ein Garagentor wären eine gute Lösung, am besten mit einer separaten Tür für Personen.

Es empfiehlt sich, eine Liste mit allen Geräten, Maschinen, Werkzeugen und so weiter zu erstellen, die Sie in Ihrer Werkstatt benötigen werden. Planen Sie vorausschauend und lassen Sie Platz für Dinge, die Sie sich jetzt noch nicht leisten können.

Entwerfen Sie verschiedene Grundrisse und prüfen Sie diese einige Tage lang. Ändern Sie Ihre Pläne falls nötig – eine möglichst effizient eingerichtete Arbeitsfläche zahlt sich aus. Legen Sie sich daher nicht zu sehr auf eine bestimmte Anordnung fest, bis Sie sicher sind, dass diese auch in der Praxis funktioniert. Seien Sie darauf vorbereitet, Ihre Pläne zu ändern, wenn Sie Ihre Werkstatt in Betrieb nehmen. Flexibilität ist wichtig.

DIE EINRICHTUNG

Im Folgenden finden Sie eine Liste der Geräte, die Sie in Ihrer Werkstatt benötigen:

- Schmiedeesse (Gas, Kohle oder Induktion)
- Drehbank
- Amboss
- Elektrischer Hammer
- Bandsäge oder Bügelsäge
- Werkbänke (fest und mobil)
- Ständerbohrmaschine
- Fräsmaschine
- Schleifscheiben
- Schmiede-Guillotine
- Kompressor
- Durchschläge, Pressen usw.

WARUM EINE ANGEMESSENE BELÜFTUNG SO WICHTIG IST

Bei der Arbeit in einer Schmiedewerkstatt ist es sehr wichtig, sich der potenziellen Gefahr von Dämpfen und Gasen bewusst zu sein. Die am häufigsten auftretenden Gase sind Kohlenmonoxid und Kohlendioxid. Beides sind geruchlose und farblose Gase, die bei der Verbrennung von Brennstoffen zum Betrieb von Schmiedeessen entstehen.

Wenn sich diese Gase ansammeln, kann es zu Vergiftungserscheinungen kommen. In solchen Fällen ist es überlebenswichtig, die Werkstatt sofort zu verlassen und frische Luft einzuatmen. Das Öffnen von Fenstern und Türen hilft dabei, die Werkstatt zu lüften. Es ist wichtig, dass die Werkstatt gut belüftet ist, damit die Luft frei zirkulieren kann und die Gase durch frische Luft ersetzt werden.

Festbrennstoff-Essen sollten mit einer Abzugshaube ausgestattet sein, die alle Rauch- und Abgase aus der Schmiede nach draußen ableitet. Auch Gase und Dämpfe, die durch gasbetriebene Schmiedefeuer oder beim Schweißen entstehen, sollten abgesaugt und ordnungsgemäß abgeleitet werden. Informieren Sie sich vorab über die gesetzlichen Rahmenbedingungen zum Betrieb einer Schmiede und über gesundheitliche Vorkehrungen.

WIE MAN GEFAHREN DURCH DÄMPFE ERKENNT

Das Erkennen potenzieller Gefahren und die Vermeidung gefährlicher Situationen ist bei der Arbeit in einer Werkstatt, in der verschiedene Gase und Dämpfe entstehen, äußerst wichtig. Sie finden im Folgenden eine Liste von Metallen, auf die Sie aufgrund ihrer potenziell gefährlichen Rauchemissionen besonders Acht geben sollten.

Zink

Zink ist ein Metall mit einem niedrigen Schmelzpunkt und einem Siedepunkt von circa 900 °C.

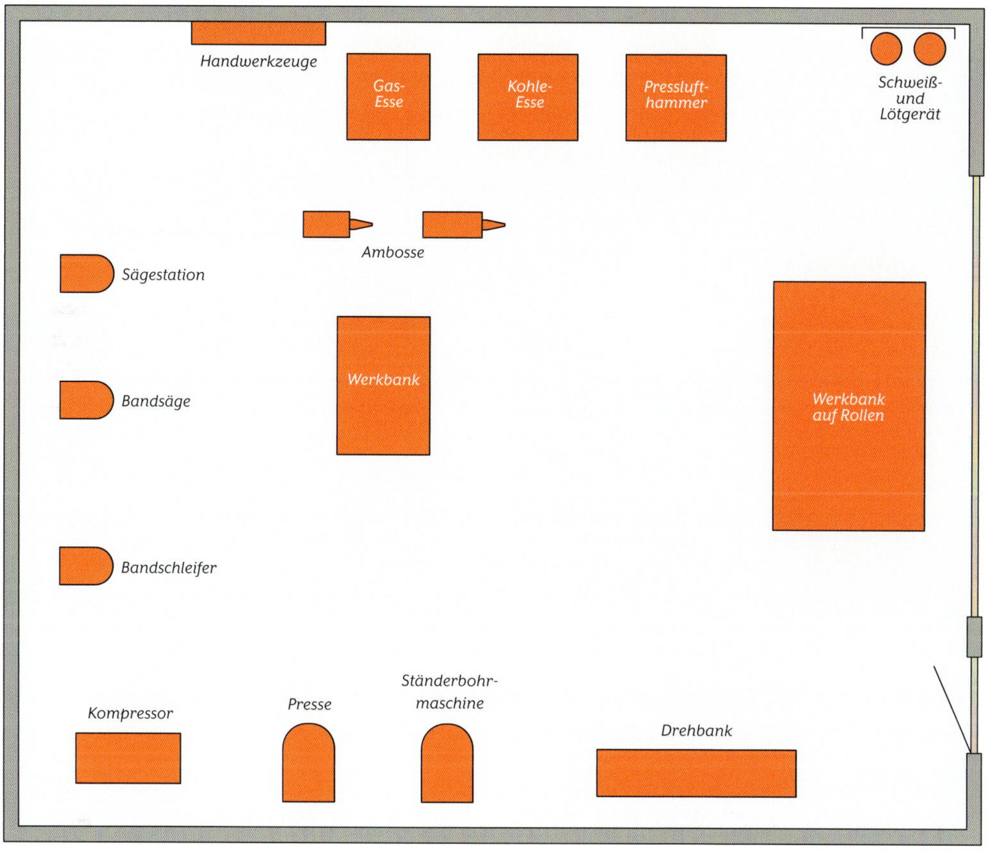

Wie man seine Werkstatt einrichtet, ist eine sehr persönliche Sache und hängt stark vom zur Verfügung stehenden Platz und den individuellen Ansprüchen ab. Bewegungsfreiheit und Funktionalität sollten bei der Aufteilung im Vordergrund stehen. Diese Zeichnung kann als Leitfaden oder Inspiration für die eigene Werkstatt dienen.

Oberhalb dieses Punktes verbrennt es und bildet Zinkoxidrauch, der mit Metalldampffieber (Zinkfieber) in Verbindung gebracht wird. Zu den Symptomen von Metalldampffieber gehören Fieber, Schüttelfrost, Husten, Müdigkeit, Muskelschmerzen und Kurzatmigkeit.

Bei der Arbeit mit zinkhaltigen Metallen, die schweißend verbunden werden, ist eine gute Belüftung unerlässlich. Nachfolgend finden Sie eine Aufzählung mit zinkhaltigen Metallen und Informationen zum sicheren Umgang mit ihnen. Gute Erkennungszeichen für brennendes Zink sind eine helle und grüne Flamme sowie weißer Rauch.

Messing

Messing ist eine Legierung aus Kupfer und Zink. Der Anteil an Zink beträgt nur etwa zehn Prozent. Wird Messing jedoch geschmolzen, kann das Zink seinen Siedepunkt erreichen, was sehr gefährliche Dämpfe freisetzt. Um dieses Risiko zu vermeiden, ist es wichtig, in einem gut belüfteten Bereich zu arbeiten, wenn Messing zum Gießen geschmolzen wird. Solange Messing nicht geschmolzen wird, ist das Risiko der Zinkoxidbildung minimal.

Bronze

Bronze kann unterschiedliche Mengen an Zink enthalten. Bei der Arbeit mit Bronze ist es wichtig, die Temperatur zu kontrollieren. Ein Verbrennen des Materials und die damit zusammenhängende Freisetzung schädlicher Dämpfe sollte unbedingt vermieden werden.

Die am häufigsten verwendete Legierung zum Schmieden ist Siliziumbronze, die etwas Zink enthält. Während des Schmiedens sollte für eine angemessene Belüftung gesorgt werden, um den Gefahren einer möglichen Rauchentwicklung entgegen zu wirken.

Verzinkter Stahl

Bei verzinktem Stahl handelt es sich um eine Stahlsorte, auf deren Oberfläche eine Zinkschicht aufgetragen ist, um Rost zu verhindern. Die gängigste Methode zum Aufbringen dieser Schutzschicht ist die Feuerverzinkung, bei der der Stahl in ein Bad aus geschmolzenem Zink getaucht wird. Verzinkter Stahl entsteht danach durch das Erhitzen des so behandelten Stahls. Dabei werden Zink und Eisen miteinander legiert, wodurch eine stärkere Verbindung entsteht.

Die Verzinkung wird häufig als Oberflächenbehandlung für Eisenwaren verwendet, die im Freien aufbewahrt werden sollen. Da bei der Reinigung der Oberfläche Zinkstaub entstehen kann, der beim Einatmen gesundheitsschädigend ist, ist es wichtig, beim Putzen (Säubern von rauen Kanten an Metallteilen) eine Atemschutzmaske zu tragen. Verzinkter Stahl sollte auf keinen Fall in einer Schmiede verwendet werden, da dabei große Mengen an Zinkoxiddämpfen entstehen können, die sich schnell ansammeln und gesundheitliche Schäden anrichten können.

Prüfen Sie die Legierung vor der Verwendung

Zink ist nicht das einzige Metall, das beim Erhitzen oder Schmelzen giftige oder schädliche Dämpfe erzeugen kann. Viele Stahllegierungen enthalten Elemente wie Vanadium, Silizium, Nickel, Mangan, Chrom oder Kupfer, die ebenfalls gefährliche Dämpfe freisetzen können. Es ist daher wichtig, dass Sie sich über die Legierung des zu schmiedenden Metalls genau informieren, bevor Sie es im Feuer erhitzen. Beachten Sie daher bereits bei der Materialbestellung die Zusammensetzung des Metalls.

SCHLEIFMITTEL UND POLIERPASTEN

Bei der Verwendung von Schleif- und Poliermitteln muss eine geeignete persönliche Schutzausrüstung (PSA) getragen werden, da Dämpfe und Partikel des Schleifmittels und des zu bearbeitenden Materials gefährlich sein können. Schleif-, Schneid- und Polierarbeiten sollten nur in gut belüfteten Bereichen oder mit einer Absauganlage durchgeführt werden, die die Luft erneuert und filtert.

ORDNUNG IN DER WERKSTATT

Eine saubere und aufgeräumte Werkstatt ist eine wesentliche Voraussetzung für ein sicheres Arbeitsumfeld. Tragen Sie beim Zusammenkehren von Metallstaub und anderen Verunreinigungen eine Atemschutzmaske, um zu verhindern, dass Sie gefährliche Partikel einatmen.

BELEUCHTUNG

Die richtige Beleuchtung in Ihrer Werkstatt ist wichtig für Ihre Sicherheit und Produktivität. Im Schmiedebereich sollte jedoch nicht allzu viel Licht vorhanden sein, damit man die Glühfarbe des Werkstücks deutlich erkennen kann. Es soll schließlich nicht überhitzen und verbrennen und somit seine Eigenschaften verlieren. Es gilt: Je heller die Beleuchtung ist, desto verwaschener erscheint die Farbe des Materials. In Bereichen, in denen Anreiß- oder Feinarbeiten durchgeführt werden, sollte allerdings durchaus eine hellere Beleuchtung eingesetzt werden.

Jeder Schmiedearbeitsplatz sollte vor Beginn der Arbeit gut gelüftet werden.

GESUNDHEIT UND SICHERHEIT IN DER WERKSTATT

Informieren Sie sich über Verordnungen, Gesundheits- und Sicherheitsrichtlinien sowie die gesetzlichen Vorschriften. Denken Sie daran, dass Sie Lärm, Rauch und Abgase erzeugen und für den richtigen Umgang damit verantwortlich sind.

Für Ihre Schmiede benötigen Sie Abdeckungen und Kanäle, um Rauch, Dämpfe, Staub und andere Partikel abzuführen. Das gilt auch für Ihre Schweiß- und Schleifbereiche. Der Boden der Werkstatt sollte eben und belastbar sein und den Kräften standhalten, die zum Beispiel von einem Maschinenhammer erzeugt werden. Eine rutschfeste Oberfläche ermöglicht es, sich in der Werkstatt sicher zu bewegen.

Sobald Sie ausgetüftelt haben, wie Ihre Werkstatt aufgebaut sein soll, müssen Sie sicherstellen, dass Sie über eine angemessene Stromversorgung verfügen und die Steckdosen für die einzelnen Maschinen richtig positioniert sind. Wahrscheinlich wird zumindest für einige Ihrer Maschinen eine dreiphasige Stromversorgung benötigt. Außerdem ist grundsätzlich eine angemessene Beleuchtung erforderlich. An einigen Maschinen sollte eine zusätzliche Beleuchtung angebracht werden, um sicherzustellen, dass Ihre Projekte gut beleuchtet sind und Sie sicher daran arbeiten können. Seien Sie vorsichtig mit Leuchtstofflampen, die bei Werkzeugen mit beweglichen Teilen wie zum Beispiel Drehbänken einen Stroboskopeffekt erzeugen können. In Schmiedebereichen ist ein niedrigeres Beleuchtungsniveau erforderlich, damit Sie die Farbe und damit die Temperatur des heißen Metalls beim Schmieden beobachten können.

Sie benötigen einen sicheren Käfig außerhalb der Werkstatt für die Gasflaschen und ein Stahlregal in der Nähe, am besten ebenfalls außerhalb der Werkstatt. Ein separater Büroraum mit einem Schreibtisch, einem Zeichenbrett und einem Ruhebereich (wenn möglich mit einer Toilette) ist nützlich, ebenso wie ein Telefon und ein Computer mit Internetzugang. Sie benötigen außerdem einen sicheren Lagerraum mit einer ausreichenden Anzahl von stabilen Regalen.

Absolut notwendig ist ein deutlich als Gift-Schrank gekennzeichneter Aufbewahrungsort für die sichere Lagerung aller gefährlichen Chemikalien, die für die Arbeit verwendet werden, insbesondere für Säuren, Laugen, Bleichmittel, Lösungsmittel und Farben. Eine aktuelle Liste des Inhalts sowie sämtliche technischen Datenblätter sollten für Notfälle leicht zugänglich aufbewahrt werden. Außerdem sollten Sie Risikobewertungen erstellen (Vorlagen dafür finden Sie im Internet) und diese jährlich in Übereinstimmung mit Ihren Datenblättern überprüfen.

In der Werkstatt müssen für jede Art von Feuer (Öl, Strom, Kohle usw.) die richtigen Feuerlöscher vorhanden sein, ebenso wie eine Löschdecke. Zudem sollten ein gut bestückter Erste-Hilfe-Kasten vorhanden und ein qualifizierter Ersthelfer vor Ort sein.

Ihre Werkstatt sollte mit Schildern ausgestattet sein, auf denen die Lage der Notausgänge angegeben ist, sowie mit Hinweisen, was im Falle eines Brandes oder Unfalls zu tun ist. Weisen Sie auf den Schildern auch einen sicheren Ort aus, an dem man sich im Falle eines Brandes versammelt.

Diese Handschuhe bieten zwar eine zusätzliche Schutzschicht, doch bei längerem Kontakt mit heißem Material kann die Hitze in den Handschuh hineinstrahlen. Es wird ohnehin nicht empfohlen, einen Handschuh an der Hammerhand zu tragen, da der Hammer herausrutschen könnte und er durch Falten oder Nähte unbequem zu führen ist.

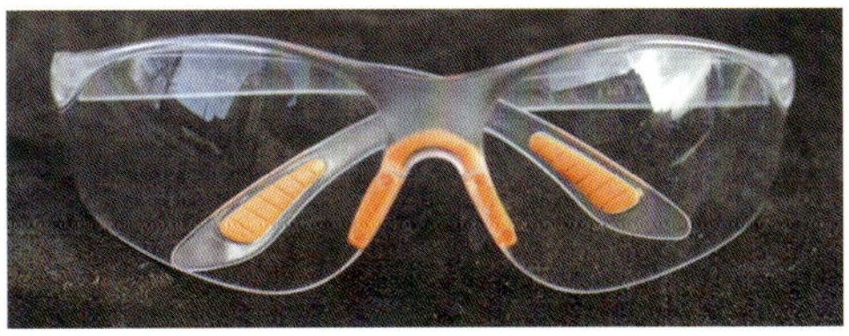

Ein angemessener Augenschutz ist in der Werkstatt unerlässlich und muss getragen werden, um die Augen vor verschiedenen potenziellen Gefahren zu schützen, zum Beispiel vor Funken oder den Stahldrähten einer rotierenden Drahtbürste.

Da Schmiedearbeiten naturgemäß mit Lärm verbunden sind, sollten Sie einen Gehörschutz tragen.

Das Tragen einer Lederschürze wird sowohl zum Feuerschweißen als auch beim allgemeinen Schweißen empfohlen. Das Ledermaterial kann verhindern, dass Tropfen eines geschmolzenen Metalls mit Ihrer Kleidung und Ihrer Haut in Berührung kommen.

Ein Gasbrenner ist ein Werkzeug, in dem komprimierter Sauerstoff und Propangas durch eine Düse geleitet werden, um eine Flamme zu erzeugen, die Temperaturen von bis zu 2.800 °C erreichen kann. Das macht die Flamme ideal für die präzise Erwärmung kleiner Flächen. Die Flamme kann durch Einstellen des Durchflusses und des Drucks des Brennstoffs und des Oxidationsmittels gesteuert werden, sodass eine sanfte, reduzierende Flamme oder eine scharfe, oxidierende Flamme, die Metall schneidet, erzeugt werden kann.

Das Blatt einer Bügelsäge besteht aus kleinen, scharfen Zähnen, die entlang des Sägeblatts angeordnet sind. Die Bügelsäge arbeitet auf Stoß. Bei der Bewegung in Schnittrichtung (von sich weg) ist nur wenig Druck erforderlich: Ein zu starker Druck kann sogar dazu führen, dass das Blatt bricht oder stecken bleibt. Bei der Bewegung in die Gegenrichtung sollte überhaupt kein Druck ausgeübt werden.

Eine Fräsmaschine ist zwar nicht unbedingt nötig für das Schmieden, kann aber in Verbindung mit einer Drehbank von großem Nutzen sein. Denn diese Werkzeugkombination erleichtert die Herstellung von verschiedenen Werkzeugen – vorausgesetzt natürlich, dass der Bediener den Umgang damit beherrscht.

Die Säulenbohrmaschine ist eines der am häufigsten verwendeten Werkzeuge in einer Werkstatt, da sie Löcher bis zu 24 Millimetern bohren kann. Es ist wichtig, die Bohrmaschine auf die richtige Drehzahl für die Größe des Bohrers und das zu bohrende Material einzustellen, bevor man mit dem Bohren beginnt. Diese wichtigen Informationen sind in der Regel online zu finden oder werden vom Bohrerhersteller angegeben.

Verschiedene Zangen, Hämmer und Hilfshämmer liegen auf einer Metallwerkbank bereit.

Eine Hebelblechschere wird zum Schneiden von Stahlblech in geraden Linien verwendet. Will man Kurven schneiden, entfernt man überschüssiges Material und nähert sich der angerissenen Linie schrittweise an. Anschließendes Feilen verfeinert das Ergebnis weiter.

Mit einer Drehbank wird Stangenmaterial zur Herstellung von Teilen oder Werkzeugen geformt. Sie ist ein praktisches Werkzeug, wenn man damit Erfahrung hat. In der Nähe einer Drehbank ist allerdings immer Vorsicht geboten, damit man nicht mit der Kleidung oder den Haaren in die Maschine hineingezogen wird.

KAPITEL 3

DIE HÄMMER

Hämmer sind eine Verlängerung des Arms des Schmieds. Sie ermöglichen es ihm erst, heißen Stahl oder andere Metalle kontrolliert zu formen. Die in der Schmiedekunst verwendeten Hämmer variieren stark in Größe und Form, um den Anforderungen bestimmter Aufgaben gerecht zu werden.

Für Schmiede ist es wichtig, eine Vielzahl von Hämmern zur Hand zu haben, damit sie jede Aufgabe sicher und effizient erledigen können. Darüber hinaus kann ein falscher Hammertyp Schäden verursachen oder eine unerwünschte Oberfläche auf dem Werkstück hinterlassen. Bei der Auswahl eines Schmiedehammers sollten Sie auf sein Gewicht achten. Im Allgemeinen wird ein Hammer mit einem Gewicht von 900 bis 1.130 Gramm (2-2,5 lb) empfohlen. Schwerere Hämmer können bei längerem Gebrauch zu Muskelverspannungen führen.

PFLEGE DES SCHMIEDEHAMMERS

Wartung und Pflege der Werkzeuge sind von entscheidender Bedeutung für ihre Langlebigkeit und Leistung. Im Laufe der Zeit können die Bahnflächen von Hämmern Dellen oder Macken bekommen, die sich auf Ihr Werkstück übertragen können. Es ist daher wichtig, dass Sie Ihren Hammer regelmäßig auf Macken oder Risse untersuchen, die seine und Ihre Sicherheit beeinträchtigen könnten. Wenn Sie eine Macke bemerken, können Sie diese in der Regel durch Schleifen oder Feilen ausbessern. Wenn Sie jedoch einen Riss entdecken, sollten Sie den Hammer nicht mehr zum Schmieden verwenden, da er unter der Wucht der Schläge zerbrechen und schwere Verletzungen verursachen könnte. Nachfolgend finden Sie einige Maßnahmen, mit denen Sie Ihren Hammer in gutem Zustand halten:

Halten Sie ihn sauber: Befreien Sie den Hammer nach jedem Gebrauch mit einer Drahtbürste von Ablagerungen und Rost. Wischen Sie ihn mit einem sauberen, trockenen Tuch ab.

Ölen Sie den Stiel: Mit der Zeit kann der Stiel des Hammers trocken und spröde werden, vor allem in einer heißen Schmiede. Um das zu verhindern, sollten Sie gelegentlich eine leichte Schicht Leinöl

Hier wird mit dem Kugelkopf des Hammers Material in den Hohlraum eines Rohrs getrieben. Um Risse zu vermeiden, muss das Material weichgeglüht sein.

HAMMERARTEN

Im Folgenden sind einige der gebräuchlichsten Hammerarten aufgeführt, die in der Schmiedekunst Verwendung finden:

SCHLOSSERHAMMER
Dieser Hammer hat auf der einen Seite eine plane Fläche, die „Bahn“ genannt wird. Die keilförmige Seite, die sogenannte „Finne“, ist leicht abgerundet. Der Hammer wird verwendet, um das Material zu strecken oder eine gehämmerte Oberfläche zu erzeugen.

KUGELHAMMER
Dieser Hammer hat einen abgerundeten Kopf, der an einem Ende flach und am anderen Ende abgerundet ist. Er wird zum Verformen und Abflachen von Metall sowie zum Nieten verwendet.

HUFSCHMIEDEHAMMER
Dieser Hammer hat einen runden Kopf und wird verwendet, um beim Schmieden mehr Material zu bewegen. Er kann auch in Bereichen eingesetzt werden, in denen eine gekrümmte Bahnfläche erforderlich ist, um die Gefahr von Spuren im Stahl zu verringern.

GERADER SCHMIEDEHAMMER
Dieser Hammer hat einen geraden, flachen Kopf, dessen eines Ende abgerundet und dessen anderes Ende flach ist. Das runde Ende wird wie bei den anderen Hämmern zum Schmieden verwendet, während es der gerade Schlagkopf ermöglicht, saubere und gerade Linien in den Stahl zu schmieden.

ZISELIERHAMMER
Dieser Hammer hat einen langen, schmalen Kopf mit einem abgerundeten Ende. Er wird für detaillierte Arbeiten wie das Ziselieren und Repoussieren verwendet.

VORSCHLAGHAMMER
Dieser Hammer dient zum Formen und Glätten von großen Stücken Stahl, wobei noch ein weiterer Schmied als Zuschläger mitwirkt.

LEDER- UND KUPFERHAMMER
Leder- und Kupferhämmer werden verwendet, um Metall zu formen, ohne Spuren zu hinterlassen – insbesondere bei Werkstücken aus Alu, Messing und Kupfer.

MASCHINENHAMMER
Ein Krafthammer ist zwar kein Handwerkzeug, aber ein mechanischer Hammer, der eine höhere Kraft ausübt als ein Handhammer. Er wird in der Regel für groß angelegte Schmiedearbeiten verwendet und kann schnell gleichmäßige Ergebnisse liefern.

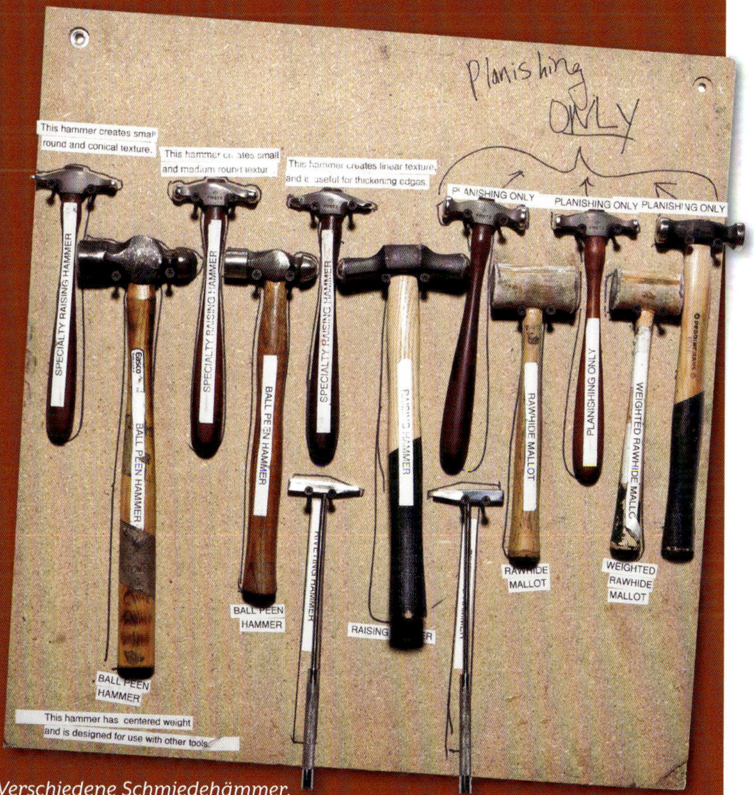

Verschiedene Schmiedehämmer.

Ein 900 Gramm schwerer Kugelhammer, wie er häufig für allgemeine Schmiedearbeiten und zum Hohltreiben von Material verwendet wird.

auf den Stiel auftragen. Lassen Sie das Öl über Nacht einwirken und wischen Sie den Überschuss am nächsten Tag ab.

Überprüfen Sie die Keile: Die Keile, die den Hammerkopf am Stiel halten, können sich mit der Zeit lösen. Überprüfen Sie sie regelmäßig und klopfen Sie sie bei Bedarf wieder ein. Wenn Sie den Stiel regelmäßig einölen, verringert sich das Risiko, dass sich die Keile lösen.

Polieren Sie die Bahnfläche nach: Die Bahnfläche eines Hammers kann abgenutzt oder sogar verbeult sein, was seine Fähigkeit, Metall zu schmieden, beeinträchtigt. Verwenden Sie eine Schleifmaschine oder eine Feile, um die Bahnfläche in Form zu bringen und dann bei Bedarf zu polieren.

Aufbewahrung: Wenn der Hammer nicht benutzt wird, ist es wichtig, ihn an einem trockenen und kühlen Ort zu lagern. Vermeiden Sie, ihn Feuchtigkeit oder direktem Sonnenlicht auszusetzen.

Ein Kreuzschlaghammer mit einem Gewicht von 900 Gramm wird in der Schmiedekunst hauptsächlich zum gerichteten Schmieden verwendet, wobei der Kreuzschlaghammer zum Breiten des Materials eingesetzt wird.

AUSWAHL EINES SCHMIEDEHAMMERS

Schmiedehämmer gibt es in vielen verschiedenen Gewichten und Längen, je nach der auszuführenden Arbeit und dem Schmied, der den Hammer hält. Ein typischer Schmiedehammer wiegt in der Regel zwischen 1.000 und 2.500 Gramm, wobei die meisten Schmiede einen Hammer mit 1.500 Gramm verwenden. Schwerere Hämmer können zwar zum Schmieden verwendet werden, eignen sich aber in der Regel am besten für besonders schwere Arbeiten, die weniger präzise sein müssen. Ein 900 Gramm schwerer Hammer eignet sich gut für das Bewegen von Material und einige Detailarbeiten, während noch leichtere Hämmer für komplizierte Detailarbeiten geeignet sind.

Die Länge der Hammerstiele reicht von 30,5 bis 46 Zentimeter (12 bis 18 Zoll), wobei längere Stiele härtere Schläge ermöglichen, aber weniger Kontrolle bieten. Um schnell und einfach die passende Hammerstiel-Länge zu finden, messen Sie von Ihrer Handfläche bis zur Oberseite Ihres Unterarms. Es ist auch wichtig, die Stieldicke zu berücksichtigen, da ein zu dicker Stiel schwer zu

Planschmieden ist eine Technik der Metallbearbeitung, bei der eine Metalloberfläche – in der Regel Kupfer – durch Hämmern geglättet und poliert wird.

greifen ist, was zu weniger Kontrolle und damit zu potenziellen Verletzungen führen kann. Ein zu dünner Stiel kann womöglich nicht der Kraft der Schläge standhalten.

Insgesamt sollten Gewicht und Länge eines Schmiedehammers auf die physischen Besonderheiten des Schmieds abgestimmt sein, außerdem auf die Art der Arbeit und die zur Ausführung der Aufgabe erforderliche Kraft. Eine regelmäßige Wartung, wie das Einölen des Stiels und das Polieren der Bahnfläche, trägt zur Verlängerung seiner Lebensdauer und zur Gewährleistung einer optimalen Leistung bei.

DIE VERWENDUNG VON LEDER- UND KUPFERHÄMMERN

Ein Lederhammer, der auch Rohhauthammer genannt wird, ist ein Werkzeug, das in der Schmiedekunst verwendet wird, um Metall zu formen, ohne die Oberfläche zu beeinträchtigen oder zu beschädigen. Lederhämmer gibt es in verschiedenen Größen, und ihr Gewicht kann von wenigen Gramm bis zu mehreren Kilogramm reichen. Sie werden häufig für die Formung von Stahlblech, die Bearbeitung von Nichteisenmetallen oder auch für feine Richt-Arbeiten an Schmiedestücken verwendet.

Funktionell gibt es keinen signifikanten Unterschied zwischen dem Kreuzschlaghammer französischer Bauart und anderen Arten von Kreuzschlaghämmern.

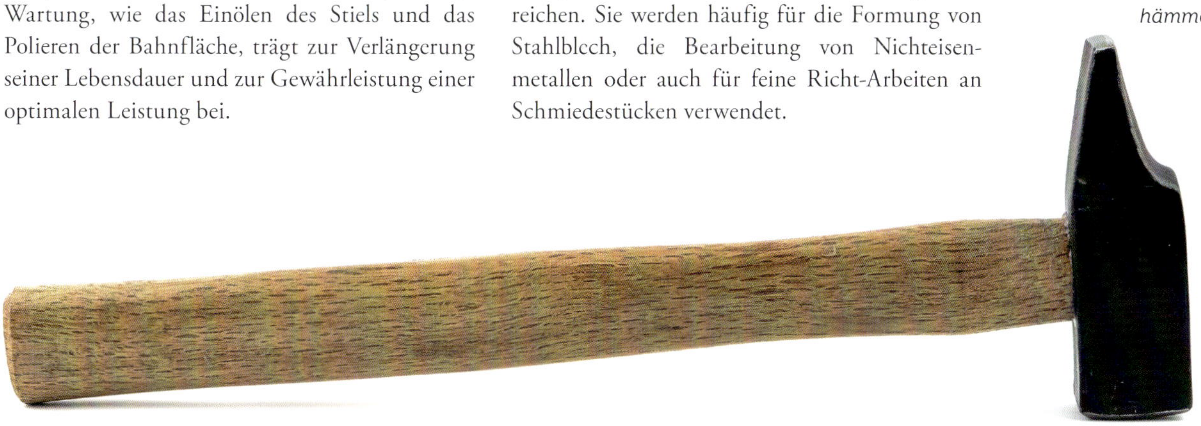

Ein Schmied mit einem Kreuzschlaghammer nach schwedischem Vorbild. Obwohl er sich funktionell nicht von anderen Kreuzschlaghämmern unterscheidet, zeichnet er sich durch die Wölbung in der Mitte des Hammers aus, an der der Stiel befestigt ist.

Kupferhämmer sind ein weiteres gängiges Werkzeug in der Schmiedekunst. Der Kopf dieser Hämmer ist in der Regel leicht abgerundet oder flach und wird verwendet, um auf Metall zu schlagen, ohne Spuren zu hinterlassen oder die Oberfläche zu beschädigen. Kupferhämmer werden auch häufig in Verbindung mit einem Meißel oder Durchschlag zum Ziselieren, für Repoussé-Arbeiten (Kupfer-Treibarbeiten) und zur weiteren Feinbearbeitung verwendet.

Ein weiterer Vorteil beider Schlägel besteht darin, dass sie zum Richten von heißem Stahl oder Werkzeugen wie Durchschlägen und Spaltmeißeln verwendet werden können, ohne Spuren zu hinterlassen oder Schäden zu verursachen. Das macht sie zu einem vielseitigen Werkzeug in der Werkstatt. Beachten Sie aber, dass weder Leder- noch Kupferhämmer zum Schmieden geeignet sind, da dafür ein schwerer und robuster Hammer mit Stahlkopf erforderlich ist. Es ist wichtig, den Hammer richtig zu warten und zu pflegen, um sicherzustellen, dass der Kopf fest mit dem Stiel verbunden und der Stiel in gutem Zustand ist.

DIE VERWENDUNG VON VORSCHLAGHÄMMERN

In der Schmiedekunst erfolgt das Schmieden gemeinsam durch den Schmied und den sogenannten Zuschläger. Der Schmied kontrolliert und formt das Werkstück und setzt dazu Werkzeuge wie Gesenke und Hilfshämmer ein, während der Zuschläger mit einem schweren Vorschlaghammer im Auftrag des Schmieds kräftige Schläge auf das Werkstück oder die Hilfshämmer ausführt. Durch den Einsatz eines Hilfshammers kann sich der Schmied auf die Kontrolle des Metalls konzentrieren, während der Vorschlaghammer die notwendige Kraft für die Formgebung aufbringt.

Die Kombination der Arbeitskraft eines Schmieds und eines Zuschlägers dient dazu, die Effizienz und Geschwindigkeit des Schmiedeprozesses zu erhöhen. Mit Hilfe des Zuschlägers lässt sich Metall kraftvoller und schneller formen, als es dem Schmied allein möglich wäre. Außerdem kann der Schmied mit Hilfe eines Zuschlägers größere oder kompliziertere Werkstücke bearbeiten, die für eine einzelne Person zu schwer handhabbar wären. Es gibt viele Schmiedearbeiten, bei denen ein zusätzliches Paar Hände unerlässlich ist.

Moderne Kreuzschlaghämmer weisen typischerweise eine Fertigungslinie an der Seite auf. Sie entsteht durch das bei der Herstellung verwendete Gesenkschmiedeverfahren.

Ein Lederschlägel ist deutlich leichter als die kombinierte Kupferversion und ermöglicht daher leichtere Schläge und eine einfachere Handhabung.

Ein kombinierter Kupfer- und Lederschlägel bietet das Beste aus beiden Welten, da er die Vielseitigkeit beider Schlägel in einem Werkzeug vereint.

Die Nylonseite dieses Doppelschlägels kann auf kaltem Metall verwendet werden und überträgt mehr Kraft als ein Lederschlägel.

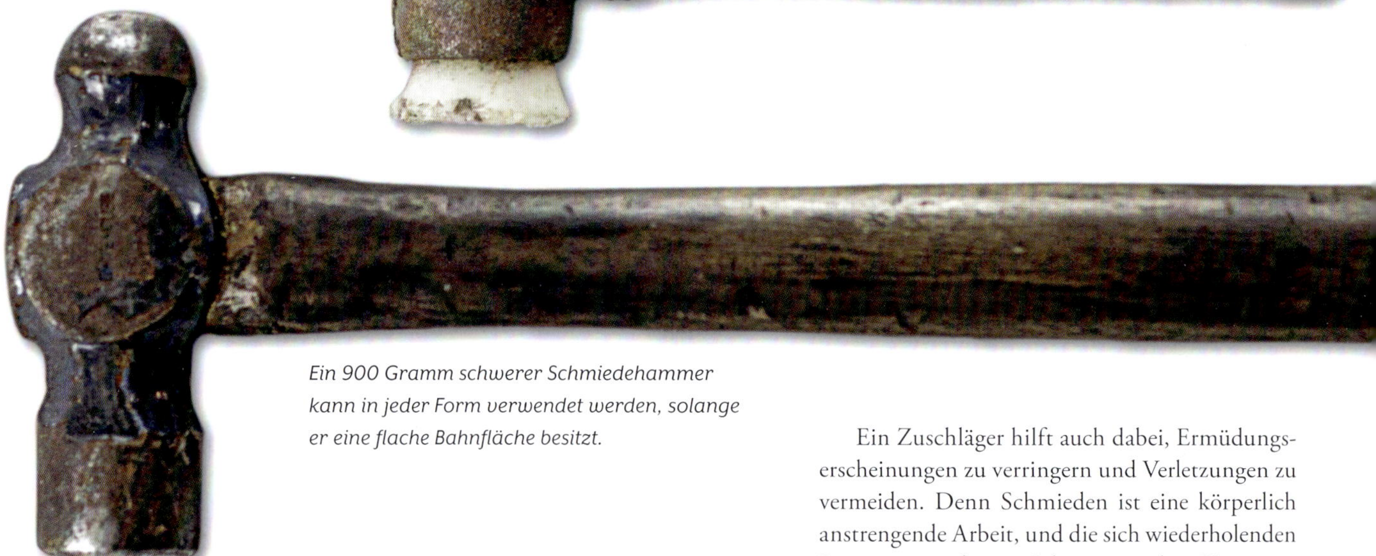

Ein 900 Gramm schwerer Schmiedehammer kann in jeder Form verwendet werden, solange er eine flache Bahnfläche besitzt.

Ein Holzgriff an einem Warmspalthammer reduziert Vibrationen und ist einfach und kostengünstig herzustellen und zu ersetzen.

Ein Zuschläger hilft auch dabei, Ermüdungserscheinungen zu verringern und Verletzungen zu vermeiden. Denn Schmieden ist eine körperlich anstrengende Arbeit, und die sich wiederholenden Bewegungen beim Schwingen des Hammers kosten viel Kraft. Indem der Schmied schwere Schläge von einem Zuschläger ausführen lässt, kann er seine eigene Energie sparen und die Überbelastung und Verletzungsgefahr deutlich verringern. Während der Schmied das Metall wieder aufwärmt und sich auf die nächste Phase des Schmiedens vorbereitet, kann der Zuschläger verschnaufen und sich erholen.

Der Einsatz eines Hilfshammers ermöglicht dem Schmied außerdem eine bessere Kontrolle über das Werkstück und reduziert das Risiko von Unfällen oder Fehlern.

In der traditionellen Schmiedekunst wird die Rolle des Zuschlägers in der Regel von einem Lehrling oder Gesellen übernommen, der darauf trainiert ist, kraftvolle und präzise Schläge auf das Werkstück zu führen. In der modernen Schmiedekunst hat der Einsatz von Maschinenhämmern und anderen mechanischen Werkzeugen jedoch dazu geführt, dass ein Zuschläger immer seltener wird. Nichts desto trotz ist die Technik des Schmiedens mit Zuschläger nach wie vor ein wichtiger Bestandteil des traditionellen Schmiedehandwerks und wird auch heute noch von vielen Fachleuten angewendet.

Eine Auswahl von Holz-, Kupfer- und Lederhämmern mit unterschiedlichen Gewichten und Größen wartet einsatzbereit auf einem Gestell.

Hämmer kann man einfach nie genug haben.

VERMEIDEN VON VERLETZUNGEN

Wie bei jeder körperlichen Aktivität ist Aufwärmen und Dehnen wichtig, um den Körper auf die Arbeit vorzubereiten und Verletzungen zu vermeiden. Hier sind einige Dehnübungen, die helfen können, Verletzungen bei der Arbeit zu vermeiden:

NACKENDEHNUNG

Neigen Sie den Kopf leicht zur Seite und halten Sie ihn 10 Sekunden lang, dann wiederholen Sie die Übung auf der anderen Seite.

SCHULTERN DEHNEN

Legen Sie eine Hand auf die gegenüberliegende Schulter und ziehen Sie den Ellbogen sanft über die Brust. 10 Sekunden lang halten. Wiederholen Sie die Übung auf der anderen Seite.

BRUST DEHNEN

Verschränken Sie die Hände hinter dem Rücken, strecken Sie die Arme durch und drücken Sie die Schulterblätter so weit wie möglich zusammen.

UNTERARME DEHNEN

Halten Sie den Arm mit der Handfläche nach unten gerade vor sich und ziehen Sie dann mit der anderen Hand die Finger sanft zum Handgelenk zurück, bis Sie eine Dehnung im Unterarm spüren.

HANDGELENK DEHNEN

Halten Sie den Arm gerade vor sich, die Handfläche zeigt nach oben, und drücken Sie dann mit der anderen Hand die Finger sanft nach unten in Richtung Handgelenk, bis Sie eine Dehnung im Handgelenk spüren.

HÜFTDEHNUNG

Stellen Sie sich mit schulterbreit auseinander stehenden Füßen hin, legen Sie die Hände auf die Hüften und verlagern Sie Ihr Gewicht sanft von einer Seite zur anderen, um die Hüften zu dehnen.

DEHNUNG DER KNIESEHNE

Setzen Sie sich mit gestreckten Beinen auf den Boden, lehnen Sie sich nach vorne und strecken Sie Ihre Zehen aus, bis Sie eine Dehnung in den Kniesehnen spüren. Halten Sie die Position 10 Sekunden lang.

Es ist wichtig, dass Sie sich vor dem Dehnen aufwärmen und es nicht übertreiben. Die Dehnung sollte sanft und allmählich erfolgen, ohne plötzliche oder ruckartige Bewegungen. Wenn Sie während des Dehnens oder gar während des Schmiedens Schmerzen oder Unwohlsein verspüren, sollten Sie aufhören und einen Arzt aufsuchen.

Ein Schmied und ein Zuschläger arbeiten zusammen, um eine Spitze zu schmieden. Der Schmiedevorgang beginnt mit kräftigen Hammerschlägen des Zuschlägers und endet, indem der Schmied einen Schlicht-Hilfshammer führt, um eine glatte Oberfläche zu erzielen.

Dieser Hammertyp wird üblicherweise zum Formen und Ausschmieden von Stahlstücken in großen Dimensionen verwendet – oft mit Hilfe eines anderen Schmieds, der als Zuschläger fungiert.

Die Verwendung rhythmischer Hammerschläge beim Schmieden kann dazu beitragen, die Ausdauer zu erhalten und ein gutes Arbeitstempo zu erreichen. Um Energie und Tempo aufrechtzuerhalten, bietet es sich unter Umständen an, den Hammer – beim Drehen der Stange oder bei einer kurzen Pause – mit Zwischenschlägen auf den Amboss zu führen.

Die Kombination von Schmied und Zuschläger ist vorteilhaft, da dieses Vorgehen gezielte, schwere Hammerschläge ermöglicht. So kann in einem Durchgang mehr Material geschmiedet werden, als es dem Schmied allein möglich wäre.

Ein Schmied und zwei Zuschläger beim Feuerschweißen. Dabei handelt es sich um eine fortgeschrittene Schmiedetechnik, bei der Eisen- oder Stahlstäbe miteinander verschweißt werden. Um eine starke Verschweißung zu gewährleisten, müssen die Stäbe zunächst gestaucht werden, um dadurch ihre Dicke zu erhöhen. Anschließend wird eine Stufe hineingeschmiedet, die besseren Halt und eine größere Oberfläche für die Verbindung bietet. Anschließend werden die Stäbe auf eine Temperatur nahe des Schmelzpunkts erhitzt. Das Metall darf dabei aber nicht verbrennen. Dann werden die Stäbe mit einem Hammer vorsichtig zusammengefügt, um die erste Verbindung zu setzen. Man spricht dabei vom Packen. Nach einigen weiteren Erwärmungsrunden wird die Feuerschweißung verfestigt. Zu beachten ist, dass während des Erhitzens eine erhebliche Menge an Material oxidieren kann.

ZANGEN & SCHRAUBSTÖCKE

Beim Schmieden gibt es viele Möglichkeiten, das Werkstück zu halten, während man es mit dem Hammer und anderen Werkzeugen formt. Die Art des Haltens hängt von der Größe und Form des Werkstücks ab sowie von den angewandten Techniken.

Das Rundloch auf dem Amboss dient nicht nur zum Durchschlagen von Löchern oder zum Richten von Metall, sondern kann auch in Verbindung mit einer Schnellklemme verwendet werden. Die Schnellklemme wird benutzt, um das Werkstück auf der Bahnfläche des Ambosses zu halten. Das ermöglicht es dem Schmied, beide Hände zu nutzen, um mit einem Spalthammer, einem Durchschlag oder einem Dorn Material zu schneiden oder ein Loch zu stanzen. Hat man beide Hände zur Verfügung, kann man die Arbeit sicher ausführen, ohne sich Gedanken über die Kontrolle eines heißen Metallstücks machen zu müssen.

SCHRAUBSTÖCKE

Ein guter und solider Schraubstock aus Stahl ist eines der wichtigsten Werkzeuge in jeder Werk-

statt. Er bietet eine stabile Verankerung für verschiedenste Arbeiten wie Feilen, Schneiden, Bohren, Biegen, Verdrehen oder Nieten.

Schraubstöcke werden in der Regel an die Werkbank geschraubt. Es gibt sie in unterschiedlichen Größen: von sehr kleinen Tischschraubstöcken bis zu großen Flaschenschraubstöcken. Werkstücke lassen sich zwischen den Backen sehr sicher halten. Das ermöglicht es, Stahl zu biegen oder ein Werkstück weiterzubearbeiten.

Der wichtigste Unterschied zwischen einem Parallel-Schraubstock und einem Flaschenschraubstock besteht darin, dass der meist gegossene Körper des Parallel-Schraubstocks nicht für schwere Schläge ausgelegt ist. Der geschmiedete Körper des Flaschenschraubstocks hingegen bietet zusammen mit dem Fuß, der den Schraubstock bis zum Boden verlängert, eine hervorragende Unterstützung für schwere Schmiedearbeiten. Zum Halten und Formen größerer und schwererer Metallstücke ist ein Flaschenschraubstock also besser geeignet als ein Parallel-Schraubstock.

Ein schwerer Parallel-Schraubstock, der an eine bewegliche Metallwerkbank geschraubt ist. Er kann zwar nicht – wie es mit einem Flaschenschraubstock möglich ist – für schwere Arbeiten mit dem Hammer benutzt werden, aber die Kombination mit der Metallwerkbank ermöglicht Mobilität. Der Schraubstock kann zum Festhalten von Werkstücken beim Schleifen, Anreißen oder Bohren verwendet werden. Achten Sie darauf, dass der Gegenstand und die Backen des Schraubstocks möglichst viel Klemmfläche haben, damit das Werkstück während der Bearbeitung sicher und fest gehalten wird.

Da die Rollzange eine geschmiedete, spitz zulaufende Spitze hat, kann sie auch in engeren Bereichen eingesetzt werden, um eine Biegung an die gewünschte Stelle zu bringen. So ist eine sorgfältige Anpassung des Werkstücks möglich.

Die Nietzange ist durch ihr gebogenes Maul deutlich flexibler einsetzbar als eine Standardzange.

PUNZEN UND PECH

Die Verwendung von Punzen und Meißeln bei Repoussé- und Ziselierarbeiten ermöglicht die Herstellung komplexer gebogener, erhabener oder antiklastischer Formen. Die Punzen werden häufig aus einem dicken Stahlstab geschmiedet, der an der Spitze eine polierte Bahnfläche in der gewünschten Form aufweist und als Amboss zum Formen von Stahlblech dient.

Eine weitere Methode zur Fixierung von Blechen oder Repoussé-Arbeiten ist die Verwendung von Pech. Pech ist ein Gemisch aus Baumsäften und Pulvern wie Holzkohle, das sich in seinen Eigenschaften verändern – härter oder weicher machen – lässt. Nachdem das Pech erhitzt und das Werkstück zum Aushärten hineingedrückt wurde, kann es ohne Abrutschen gehämmert und graviert werden. Außerdem bietet das Pech auf der vorgelegten Seite des Blechs Widerstand gegen das Treiben und ermöglicht so feine Details bei Repoussé-Arbeiten.

ZANGEN

Zangen sind ein grundlegendes Werkzeug in der Schmiedekunst und werden vom Schmied oft individuell hergestellt, um damit ganz bestimmte Werkstücke halten zu können.

Es gibt sie in verschiedenen Formen und Größen, etwa mit langen Schenkeln, die einen bequemen Halt abseits der Hitze der Schmiedeesse und des Werkstücks ermöglichen. Die Zangen können durch Hitze und Hammerschläge an unterschiedliche Werkstücke angepasst werden.

Schmiede verwenden eine spezielle Terminologie für die verschiedenen Arten von Zangen. Im Folgenden finden Sie einige gängige Begriffe, die Ihnen helfen sollen, die Bezeichnung der oftmals verwendeten Zangen zu verstehen:

Wolfsmaulzange

Diese Zangen haben ein Maul, das für das Greifen von rundem oder quadratischem Material ausgelegt ist. Es handelt sich um einen vielseitigen Zangentyp und eine Art Allrounder, der jedoch nicht so effektiv ist wie spezialisierte Zangen.

Nietzange

Diese Zangen haben ein gebogenes Maul, was es ermöglicht, Material zu greifen, das von einer Standardzange nicht ohne weiteres gehalten werden kann. Die Krümmung des Mauls ermöglicht einen anderen Greifwinkel und eine höhere Flexibilität beim Greifen von Objekten.

Flachmaulzange

Diese Zangen haben ein flaches Maul, das zum Greifen von flachem Material wie Stahlblech oder Blechen ausgelegt ist.

Rund- oder Formmaul-Zange

Das Maul dieser Zangen hat verschiedene Formen (rund, halbrund, Kasten- oder V-förmig). Querrillen im Maul ermöglichen einen sicheren und zuverlässigen Halt bei einer Vielzahl an Materialquerschnitten.

Biegezange

Das Maul dieser Zangen besteht aus runden Spitzen, die ähnlich wie ein lange Nase geformt sind. Sie wird üblicherweise zum Anpassen feiner Biegungen bei Schnörkeln verwendet – sozusagen für den letzten Schliff.

Auch eine Rundmaulzange sollte in keiner Schmiede fehlen.

BEZEICHNUNGEN AN DER FLACHMAULZANGE

MAUL
Der Teil der Zange, der das Werkstück hält, wird Maul genannt. Er kann flach, rund oder V-förmig sein, je nach der Form des Werkstücks.

AUGE
Der dicke Bereich am Übergang der Schenkel zum Maul wird als Auge bezeichnet. Das ist der Teil der Zange, an dem die beiden Teile des Mauls verbunden oder vernietet sind, was für Stabilität und Festigkeit beim Greifen von Gegenständen sorgt.

SCHENKEL
Die Griffe der Zange werden als Schenkel bezeichnet.

Hier werden kleinere Flachmaulzangen – auch Rundzangen oder Flachzangen genannt – zum Schließen von Federringen verwendet, um ein Kettenhemd herzustellen.

Beim Abschrecken einer Klinge oder eines Werkzeugs ist es wichtig, das Verschütten von Öl zu vermeiden und die richtige persönliche Schutzausrüstung zu tragen. Vor dem Abschrecken muss das Öl vorgewärmt werden. Während des Abschreckens muss der Gegenstand vollständig untergetaucht sein, damit sich der Rauch und die Dämpfe des verdampfenden Öls nicht entzünden. Halten Sie Ihre Hände angewinkelt von der Öffnung weg, um sich nicht zu verbrennen.

Schmiede haben oft eine große Sammlung von Zangen in verschiedenen Formen und Größen, um eine Vielzahl von Werkstücken zu bearbeiten. Die richtige Zange für die jeweilige Arbeit auszuwählen, gehört zu den grundlegenden Fähigkeiten eines Schmieds.

AMBOSSE & AMBOSS-WERKZEUGE

Der Amboss ist ein Synonym für die Schmiedekunst und eines der wichtigsten Werkzeuge, ohne die ein Schmied nicht arbeiten kann. Er ist die Grundlage, auf der alle Werkstücke geschmiedet werden. Es gibt eine Vielzahl von Werkzeugen, die für die Verwendung mit einem Amboss bestimmt sind. Dabei ist auch der Amboss selbst ein vielseitig einsetzbares Werkzeug und kann in seine verschiedenen Arbeitsbereiche unterteilt werden:

Horn: Es wird zum Biegen oder zum schnellen Herunterschmieden und Strecken verwendet.

Stufe: Sie wird häufig zum Spalten verwendet, da sie in der Regel aus weicherem Stahl gefertigt ist. Das Unterlegen von weichem Blech unter die zu spaltenden Werkstücke schützt den Amboss und die Spaltwerkzeuge vor Beschädigung.

Bahnfläche: Hier findet der größte Teil der Schmiedearbeit statt. Die Fläche ist üblicherweise gehärtet und angelassen, um der harten Schmiedearbeit zu widerstehen.

Vierkantloch: Das quadratische Loch sichert den Halt der nachfolgend aufgeführten Werkzeuge.

Rundloch: Es kann in Kombination mit einer Schnellklemme verwendet werden, um das Werkstück auf der Ambossbahn zu halten. Es wird auch häufig zum Durchschlagen von Dornen beim Lochen verwendet.

Ambosse variieren in Größe, Form und Stahlqualität. Die ältesten können aus Schmiedeeisen gefertigt sein, das im Vergleich zu modernen Ambossen sehr weich ist. Da sie weicher sind, gibt es beim Schmieden weniger Rückprall, und es ist mehr Kraftaufwand erforderlich, um Stahl zu schmieden. Ein weiterer Nachteil ist, dass sie aufgrund des weicheren Metalls oft in der Mitte durchhängen und eine Einbuchtung in der Bahnfläche vorweisen. Dies kann dazu führen, dass sich das Werkstück beim Schmieden nicht gerade formen lässt. Modernere Ambosse sind aus Gussstahl gefertigt. Sie sind eine gute Wahl, da sie in der Regel in einem viel besseren Zustand sind und eine harte, glatte Oberfläche bieten.

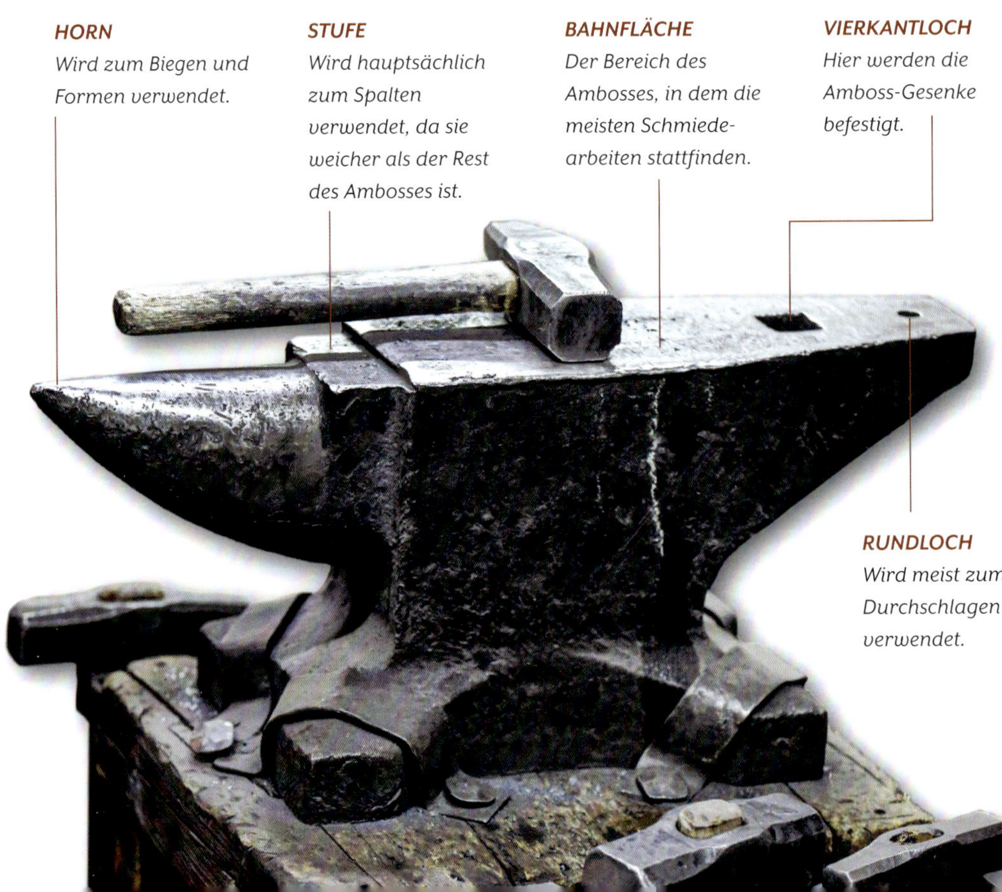

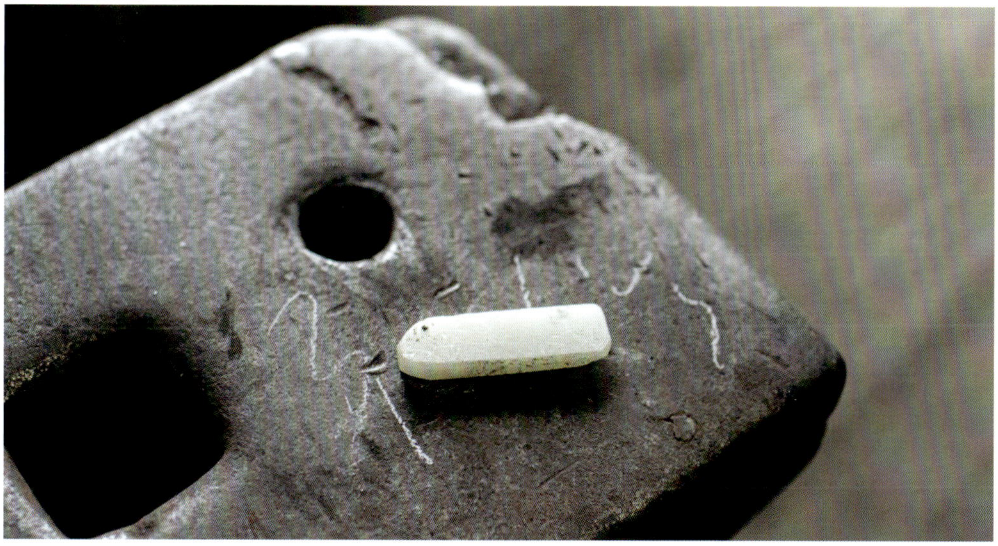

Die flache Oberfläche eines Ambosses kann auch dazu dienen, vorläufige Entwürfe zu skizzieren oder genaue Maße für den Schmiedeprozess zu markieren.

Beim Aufstellen eines Ambosses spielt der feste Stand eine wichtige Rolle. Ein massiver Holzstock kann eine stabile Basis zwischen Amboss und Werkstattboden schaffen. Auf diese Weise lassen sich auch Riemen oder Schlaufen anbringen, um verschiedene Werkzeuge während des Schmiedevorgangs griffbereit zu haben.

Ambosse gibt es in vielen Ausführungen, vom Londoner Modell bis zum schwedischen Amboss oder Sawyer-Amboss ohne Horn oder Absatz. Jeder Amboss ist an den jeweiligen Produktionsbereich oder die jeweilige Aufgabe angepasst: zum Beispiel Ambosse für Kettenmacher oder ein kleiner Amboss für Juweliere.

Mit dem Horn kann eine Stange gebogen oder gerollt werden. Es kann auch für schwerere Schmiedearbeiten verwendet werden.

Die Schmiedeguillotine ist ein Hilfswerkzeug, das es dem Benutzer ermöglicht, sowohl ein Ober- als auch ein Untergesenk zu verwenden. Während der Schmied das Werkstück hält, kann er gleichzeitig auf das Obergesenk schlagen.

Der Formlochdorn wird verwendet, um zum Beispiel eine Axt während des Schmiedevorgangs zu halten und um zu verhindern, dass die Seiten des Auges beim Schmieden der Axt zusammenfallen. Es ermöglicht auch die genaue Formgebung des Auges, also der Stiel-Aufnahme.

AMBOSS-WERKZEUGE

Alle aufgeführten Werkzeuge sind aus kohlenstoffreichem Stahl (Werkzeugstahl) gefertigt und wärmebehandelt.

Ambossgesenke

Ambossgesenke, die auch als „Stöckl“ bekannt sind, bestehen aus einem Vierkantschaft, der in das Vierkantloch des Ambosses passt. Der Begriff „Gesenk“ bezieht sich auf ein geschmiedetes Werkzeug, das eine gewisse Form hat und diese auf den glühenden Stahl überträgt.

Andere Unterwerkzeuge werden nach ihrer Funktion benannt. Ein gängiges Werkzeug ist zum Beispiel ein Rundgesenk, das in Kombination mit einem Rundobergesenk (Hilfshammer) einen Streckvorgang mit gleichem Radius erzielt. Wird das Material zwischen die Gesenke geklemmt, überträgt sich die feste Form der kalten Gesenke auf das glühende Material. Somit können bei der Verwendung passender Gesenke verschiedenste Formen und Endstücke hergestellt werden.

Eine zusätzliche Verwendung des Vierkantlochs ist sein Gebrauch als sichere Halterung für eine maßgefertigte Vorrichtung für einen Schmiedevorgang, da man so die Hände frei hat

Die Biegegabel wird in das Vierkantloch gesteckt und vom Amboss gehalten, sodass der Schmied Kraft auf die Stange ausüben und eine genaue Biegung erzeugen kann.

Gesenke gibt es in verschiedenen Formen und Größen, aber im Allgemeinen haben sie ein abgerundetes oder quadratisches Profil und werden verwendet, um bestimmte Formen oder Designs in der Metallbearbeitung zu schaffen.

und die Vorrichtung nicht in einem Schraubstock befestigen muss, der sich weiter von der Schmiedeesse entfernt befindet.

Ein anderes nützliches Unterwerkzeug ist ein Biegewerkzeug (Biegegabel). Die quadratische Form des Loches verhindert, dass sich das Werkzeug verdreht, während das Gewicht des Ambosses als Anker dient, sodass man eine große Kraft aufwenden kann, um den heißen Stahl zu biegen.

Kehlwerkzeuge

Ein Kehlschrot ist ein Werkzeug, mit dem ein Schmied eine Rille oder einen Kanal (Kehle) in ein zu bearbeitendes Werkstück einbringt. Die Kehle kann für verschiedene Zwecke verwendet werden, etwa zur Gewichtsreduzierung oder zum Hinzufügen von dekorativen Elementen.

Gesenk

Ein Gesenk ist ein Werkzeug, mit dem Metall in eine bestimmte Form oder Größe gebracht werden kann. Gesenke werden gewöhnlich in Kombination mit einem Streckvorgang verwendet, um bestimmte Formen oder Muster in das gerade bearbeitete Metall zu bringen.

Eine Metzger-Blockbürste wird zwischen den Schmiedeschritten verwendet, um Zunder zu entfernen und die Oberfläche des Metalls zu glätten.

Ein Schwanenhals-Stöckl wird verwendet, um einen gleichmäßigen, wiederholbaren Schnörkel herzustellen.

Ein quadratischer Durchschlag wird verwendet, um quadratische Löcher in ein Metallstück zu stanzen. Die Größe des Lochs wird dadurch bestimmt, wie tief das Material durchgeschlagen wird.

Ein Kehlschrot kann in Verbindung mit einem Kehlhammer zum Absetzen oder Ausschmieden von Material verwendet werden.

Der rechteckige Durchschlag wird verwendet, um längliche, quadratisch-eckige Löcher in Metall zu erzeugen. Diese Löcher werden oft für Zapfen oder andere Teile verwendet, die eine genaue Passform erfordern.

Wenn eine Lochung eine bestimmte Form haben und nur wenig Material bei der Herstellung des Lochs verloren gehen soll, verwendet man einen Formlochdorn. Er kann aber nur in Verbindung mit einem Schlitzmeißel, der vorher zum Einsatz kommen muss, verwendet werden.

Ein Amboss besitzt meistens ein Rund- und ein Vierkantloch. Beide dienen dazu, andere Werkzeuge im Schmiedeprozess aufzunehmen.

Warmschrot

Ein Warmschrot oder Spaltmeißel ist ein Werkzeug, das von Schmieden zum Schneiden von heißem Metall verwendet wird. Er besteht aus einer meißelartigen Klinge, die mit einem Hammer in das glühende Werkstück eingeschlagen wird, um das Metall zu trennen.

Biegewerkzeug

Dieses Werkzeug besitzt einen quadratischen Schaft und besteht meist aus stabilem Rundstahl, der in U-Form gebogen ist. Das gleichmäßige Biegen bei der Herstellung von Gegenständen wie S-Haken oder anderen gebogenen Gegenständen lässt sich damit gut bewerkstelligen.

Spannvorrichtung

Eine Spannvorrichtung ist ein Werkzeug, das das Werkstück in einer bestimmten Position hält, um gleichbleibende und wiederholbare Ergebnisse erzielen zu können: zum Beispiel eine Schnecken-Biegevorrichtung zur Herstellung gleichbleibender Schnecken.

Rundloch

Das Rundloch befindet sich in der Bahn des Ambosses und ist vielseitig einsetzbar. Es kann mit einer Schnellklemme zum Sichern eines Werkstücks oder zum Durchschlagen von Löchern verwendet werden, sodass der Materialputzen entfernt werden kann, bevor das Loch auf Größe gedreht wird. Zu beachten ist, dass ein Durchschlag, der größer als das Stanzloch ist, stecken bleiben kann.

Deshalb verwendet man auch Dorne, da sie eine bestimmte Größe haben und kleiner als das Stanzloch angefertigt werden können. Für diejenigen Arbeiten, die einen größeren Durchschlag erfordern als es das Stanzloch zulässt, können Sie nach dem Durchschlagen und maximalen Ausformen zum Vierkantloch wechseln, um die Arbeit zu beenden. Alternativ kann auch ein Unterwerkzeug angefertigt werden, um die gewünschte Größe zu erreichen.

Durchschlag

Ein Durchschlag ist ein Werkzeug, mit dem man Löcher in definierter Größe in eine Stange schlägt. Diese Werkzeuge laufen vorne konisch zu und sind speziell für ihre entsprechende Aufgabe geformt.

Zu den wichtigsten Durchschlägen gehören der runde Durchschlag, der quadratische Durchschlag und der Schlitzmeißel. Die ersten beiden unterscheiden sich lediglich in ihrer Form, während der Schlitzmeißel eine andere Funktion übernimmt: Er entfernt den Stahl nicht, sondern schneidet ihn, sodass letztendlich weniger Stahl entfernt werden muss. Als Ergebnis erhält man normalerweise eine Aufwölbung rund um das Loch, die nicht nur aus ästhetischen, sondern auch aus funktionellen Gründen geschätzt wird:

Da weniger Material entfernt wird und mehr Material um das Loch herum bestehen bleibt, erhöht sich die Stabilität.

Formlochdorn

Dorne werden meist aus unlegiertem Stahl hergestellt und verwendet, um nach dem Durchschlagen eines Lochs eine gleichmäßige, definierte Form zu erzielen. Ihre geschmiedeten oder geschliffenen Kegel entsprechen den gewünschten Endmaßen des Lochs. Dorne gelten als Verschleißwerkzeuge, die für einen einmaligen Einsatz konzipiert sind. Stellt man sie aus kohlenstoffreichem Stahl her, erhöht das die Haltbarkeit. Die Herstellung dauert dann allerdings deutlich länger.

Schlichthammer

Dieses Werkzeug ähnelt einem Hammer, hat aber eine große, flache Seite mit abgerundeten Kanten. Die Rückseite ist quadratisch und wird mit einem Hammer geschlagen, um den Stahl zu glätten und abzuflachen. Normalerweise geschieht das am Ende des Schmiedeprozesses, um eine glatte, gleichmäßige Oberfläche zu erzeugen.

Schnellklemme

Sie ist ein Spannwerkzeug aus Rundstahl, das in das Rundloch des Ambosses passt. Nach dem Einschlagen in das Rundloch kann mit ihr ein Werkstück sicher fixiert werden. Dadurch hat der Schmied seine Hände zum Schmieden frei.

Dieser geschmiedete Schlichthammer reduziert durch seinen gedrehten Metallgriff die Vibration beim Arbeiten und hat zudem eine längere Lebensdauer als ein Schlichthammer mit Holzgriff.

Im Bild ist zu sehen, wie der Schmied den Schlichthammer festhält, während der Zuschläger rhythmisch auf das Werkzeug schlägt.

Auf der Werkbank liegen einige Werkzeuge, die in der Schmiedekunst häufig verwendet werden: Der Lederhammer wird für Hammerschläge verwendet, die das Material des Werkstücks nicht beschädigen. Zu sehen sind auch ein Kreuzschlaghammer und ein Kugelhammer, Biegewerkzeuge und Aufsatzwerkzeuge sowie verschiedene Zangen (Vierkantzangen, Rundzangen, Nietzangen, Flachzangen und Biegezangen).

LUTZ

Für die Holz- und Metallbearbeitung benötigt man in einer Werkstatt verschiedenste Feilen und Raspeln.

DAS SCHMIEDEFEUER

Bei der Auswahl für die Befeuerung gibt es viele Varianten. Besonders vielseitig ist eine Esse mit Boden- oder Seitenwind, da die Hitze genau über die Luft- und Kohlenmenge gesteuert werden kann. Sie ermöglicht auch, unterschiedlich große Werkstücke individuell zu erwärmen. Bei einer Gasesse verhält es sich anders. Im Gegensatz zur Kohlenesse erhitzt sie alles, was sich in ihrem Bauraum befindet, gleichmäßig. Die Beschränkung liegt hier jedoch in der Größe des Bauraums.

In diesem Kapitel werden sowohl traditionelle Essen als auch moderne Gasessen und die dafür benötigten Brennstoffe besprochen. Für Gasessen verwendet man den Brennstoff Propan, mit dem sich die für das Schmieden erforderliche Temperatur erreichen lässt. Für traditionelle Essen gibt es mehrere Brennstoff-Möglichkeiten: etwa Steinkohle oder als verfeinerte Version Schmiedekoks. Ein weiterer, seltener verwendeter Brennstoff ist Holzkohle.

ARTEN VON SCHMIEDEFEUER

Die Vor- und Nachteile der unterschiedlichen Essen und ihrer benötigten Brennstoffe werden nachfolgend aufgeführt.

Traditionelles Schmiedefeuer

Traditionelle Essen werden aus Gusseisen oder aus Stahlblech hergestellt. Sie haben eine Metallhaube, die den Rauch und die Dämpfe des Feuers ableiten. Die Haube muss an ein Abgassystem angeschlossen werden, um Rauch und Abgase vom Arbeitsplatz abzusaugen. Grundlegend für diese Essen ist das Gebläsesystem, das Luft in die Mitte des Feuers bläst. Diese Luft heizt das Feuer an und erhöht dessen Temperatur.

Diese traditionelle Esse aus Ziegeln wird durch einen großen, hinten angebrachten Blasebalg angetrieben. Die Luftzufuhr erfolgt über Rohre aus Eisen oder Ton.

BRENNSTOFFARTEN

Die Art des Brennstoffs beeinflusst, wie sauber das Feuer brennt und wieviel Schlacke sich bildet. Das Anfeuern läuft dabei stets gleich ab: Mit Papier und Holz wird zunächst ein kleines Feuer entfacht, mit dem man dann den eigentlichen Brennstoff anzündet.

STEINKOHLE

Steinkohle besitzt die meisten Verunreinigungen der drei aufgeführten Brennstoffarten. Zum Anzünden muss man erst einen kleinen Haufen Kohle über dem Anzündmaterial aufschütten. Dann lässt man das Feuer bis zur Schmiedetemperatur aufheizen und steckt dann das Werkstück in den Gluthaufen hinein. So entsteht ein tunnelartiger Zugang. Im Vergleich zu anderen Schmiedebrennstoffen neigt Steinkohle beim Verbrennen durch die enthaltenen Verunreinigungen zum Verkleben (Verbacken) und gibt auch sehr schnell Schlacke ab.

KOKS

Schmiedekoks ist eine verfeinerte Version von Steinkohle. Beim Schmieden ist es wichtig, dass der Koks in einem kleinen Haufen über dem Lufteinlass der Feuerschüssel aufgeschüttet wird, damit das Feuer auf Schmiedetemperatur gehalten werden kann. Obwohl es sich um eine verfeinerte Version der Steinkohle handelt, wird beim Verbrennen immer noch etwas Schlacke erzeugt – wenn auch in geringerem Maße als bei der Steinkohle.

HOLZKOHLE

Ein Holzkohle-Feuer wird auf die gleiche Weise eingerichtet und gewartet wie die beiden oben genannten Feuer. Verglichen mit der Steinkohle und dem Schmiedekoks ist die Holzkohle sehr rein, weswegen nur sehr wenig bis gar keine Schlacke produziert wird. Der größte Nachteil der Holzkohle besteht darin, dass sie viel schneller verbrennt als Steinkohle oder Schmiedekoks.

Verunreinigungen von Kohle und Schmiedekoks sammeln sich beim Verbrennen als Schlacke an. Diese muss regelmäßig aus der Esse entfernt werden, um sicherzustellen, dass der Weg zum Zentrum des Feuers ungehindert ist und der Luftauslass nicht blockiert wird.

Als Unterlage für traditionelle Schmiedefeuer kann Sand verwendet werden, der auch den Boden der Esse vor der extremen Hitze schützt. Beim Befüllen der Feuerschüssel ist zu beachten, dass keine Luftlöcher verdeckt werden.

Seitenwind-Feuer

Bei diesem Schmiedefeuer ist ein wassergekühltes Rohr mit einem Wasserreservoir hinter der Esse verbunden, durch das Luft in das Zentrum des Feuers geleitet wird. Die Größe der Arbeitsfläche innerhalb des Feuers kann durch Hinzufügen oder Entfernen von Sand verändert werden. Die Schlacke, die sich auch bei diesem Feuer bildet, setzt sich beim Schmelzen in der Regel unterhalb des Lufteinlasses ab und fließt anschließend zum kühleren Teil des Feuers.

Das kann letztlich dazu führen, dass die Luftzufuhr beeinträchtigt wird, was sich wiederum beträchtlich auf die erreichbaren Temperaturen auswirkt: Das Feuer kühlt ab. Beheben lässt sich dieses Problem, indem man das Feuer abkühlen lässt und die Schlacke mit einem Schürhaken aus dem Feuer entnimmt. Wird das Feuer danach erneut gezündet, kann die Arbeit fortgesetzt werden.

Diese Art des Schmiedefeuers ermöglicht eine ausgezeichnete Kontrolle über das Feuer, die Esse

Frischer Brennstoff sollte hinter und neben das Feuer – und nicht direkt auf das Feuer – gelegt werden. So bekommt die Kohle Zeit zum Ausgasen und Trocknen, bevor sie der direkten Hitze zugeführt wird. Auf diese Weise raucht das Feuer auch deutlich weniger. Zudem verringert diese Methode auch das Risiko, dass die eventuell nasse Kohle durch die Hitze schlagartig „explodiert“. Mit einem Schürhaken lassen sich die Brennstoffzufuhr und der Aufbau des Feuers gut steuern.

Mit einem kleinen Blecheimer oder einer kurzstieligen Schaufel werden Steinkohle und Schmiedekoks aus dem Kohlelager ins Schmiedefeuer eingebracht.

Als Schlacke bezeichnet man Verunreinigungen, die beim Verbrennen von Steinkohle oder Schmiedekoks ausgeschmolzen werden. Die Schlacke muss aus dem Feuer entfernt werden, um die Feuerschüssel und das Werkstück sauber zu halten.

Schmiedekohle, die schon einmal angefeuert wurde, ist oft leichter und hat eine aschweiße Farbe. Sie kann sehr gut zum Anzünden eines Feuers verwendet werden, da sie vollständig getrocknet ist.

Ein moderner japanischer Schwertschmied beim Feuerschweißen eines Stahlblocks unter einem Federhammer. Im Hintergrund ist ein traditioneller Fuigo-Kastenblasebalg zu sehen.

Eine von einem Fußpedal angetriebene Feldschmiede. Diese Art von Schmiedefeuer eignet sich hervorragend für den mobilen Einsatz und Werkstätten ohne eigenen Stromanschluss.

ist jedoch bauartbedingt sehr schwer. Sie besteht in der Regel aus Gusseisen oder aus Ziegelsteinen und ist unbeweglich. Zudem wird ein Anschluss an einen Kamin benötigt.

Unterwind-Feuer

Bei diesem Schmiedefeuer tritt der Luftstrom von unten in das Feuer ein. Als Esse ist eine Vielzahl von Konstruktionen erhältlich, die von schweren Gussschüsseln bis hin zu kleineren und leichter transportierbaren Ausführungen reichen. Diese Transportfähigkeit ist – im Vergleich zum Seitenwind-Feuer – einer ihrer Vorteile.

Wie auch beim Seitenwind-Feuer kann die Temperatur präzise gesteuert werden. Jedoch ist ein Nachteil des Unterwind-Feuers, dass die am Boden positionierten Luftlöcher schneller verstopfen können. Die angesammelte Schlacke wird mit einem Schürhaken entfernt, sobald das Feuer abgekühlt ist.

Gasesse

Gasessen sind aufgrund ihrer geringeren Größe besonders mobil. Darüber hinaus ermöglicht der Brennstoff Propan eine längere Schmiedezeit und ist zudem leichter als Kohle oder Schmiedekoks. Zu beachten ist jedoch, dass Gasschmieden in der Regel mehr Oxidation und demzufolge Verzunderungen produzieren als die herkömmlichen Schmiedefeuer. Außerdem stellt die Verwendung einer unter Druck stehenden Gasflasche ein zusätzliches Sicherheitsrisiko dar.

In einer Gasesse lässt sich die Hitze sehr gut steuern und halten.

Diese Gasesse wird für die Serienproduktion eines Werkstücks verwendet. Mit ihr lässt sich die gewünschte und eingestellte Temperatur verlässlich halten. Der Schmied muss also keine Sorge haben, dass ihm während der Arbeit etwas im Feuer verbrennt.

Eine junge Schmiedin führt der tragbaren Schmiede mit einer Handkurbel Luft zu.

Ein aus verschiedenen Carbonstahl-Lagen bestehendes Damastpaket wird in einer Gasesse auf Feuerschweißtemperatur gebracht. Die Stahloberfläche ist mit geschmolzenem Borax-Flussmittel bedeckt, um die Oxidbildung zu verringern und den Schweißvorgang zu optimieren.

Es ist wichtig, dass ein sicherer Abstand zwischen der Schmiede und den Brennstoffquellen eingehalten wird. Zudem sollte eine Rückschlagsicherung an der Brennstoffleitung angebracht werden, die vor Unfällen schützt. Vor dem Kauf einer Gasesse sollte man sich über die potenziellen Gefahren informieren, die mit der Arbeit damit verbunden sind. Eine Gasesse sollte grundsätzlich nur an Orten mit ausreichender Belüftung verwendet werden, da bei ihrem Betrieb immer die Gefahr einer Kohlenmonoxidvergiftung besteht.

Venturi-Gasbrenner

Eine Gasschmiede, die mit einem Venturi-Brenner arbeitet, ist nicht auf Elektrizität angewiesen und daher besonders vielseitig einsetzbar. Selbst bei einem Stromausfall wird die Luftzufuhr zur Gasschmiede aufrechterhalten.

Der Venturi-Effekt ist ein physikalisches Phänomen, bei dem die Geschwindigkeit einer Flüssigkeit zunimmt, wenn sie durch einen verengten Abschnitt eines Rohrs fließt, was zu einem Druckabfall führt. Durch die Verengung des Luftstroms durch eine kleine Düse wird hier die Luftgeschwindigkeit erhöht, was eine effizientere Verbrennung des Brenngases ermöglicht und zu einer heißeren Flamme führt. Die Temperatur in der Schmiede kann durch Regelung der Luftmenge, die in den Brenner eintritt, eingestellt werden. Ein Nachteil dieses Brennertyps ist die tendenziell geringere Effizienz des Brennstoffs durch den möglichen höheren Verbrauch. Dieser Brenner ist jedoch äußerst vielseitig und für eine Vielzahl von Schmiedeverfahren nutzbar.

Gasesse mit Gebläse

Der Einsatz einer Gebläse-Gasesse ermöglicht eine besonders präzise Temperaturregelung, da die Luft gezielt mithilfe eines Gebläses in den Brenner eingebracht wird. Im Vergleich zum Venturi-Effekt können mit dieser Methode höhere Temperaturen erreicht werden.

Allerdings kann bei diesem Ofentyp das Gebläse ausfallen, was zu potenziellen Sicherheitsrisiken führt. Daher sollten bei der Einrichtung und Verwendung einer Gebläse-Gasesse auch entsprechende Sicherheitsmaßnahmen getroffen werden. Dieser Ratschlag gilt generell für alle Arten von Schmiedefeuern ebenso wie für alle Maschinen und Werkzeuge in der Werkstatt.

Der erste Schritt beim Anzünden eines Schmiedefeuers besteht darin, etwas zerknülltes Papier und Anzündholz vorzubereiten. Als Nächstes wird der Lufteinlass von Sand und Kohleresten gereinigt.

Das Holz und das Papier werden in die Feuerstelle gelegt und angezündet.

Sobald das Feuer brennt, kann das Gebläse eingeschaltet werden. Während das Gebläse in Gang kommt, wird trockener Schmiedekoks oder Kohle an den Rändern des Feuers hinzugefügt. Der Brennstoff wird so lange nachgelegt, bis das Feuer vollständig entfacht ist.

Sobald das Feuer vollständig entfacht ist, wird das Gebläse auf eine niedrige Stufe eingestellt, damit das Feuer langsam und gleichmäßig heiß wird. Das kann 10 bis 15 Minuten dauern.

WARTUNG

Hier einige grundlegende Wartungstechniken für die verschiedenen Feuertypen:

ESSE MIT SEITENWIND

Die Kühlung des Gebläse-Rohrs sollte immer gewährleistet sein, um eine Beschädigung zu verhindern. Die Esse wird bei Bedarf nachgefüllt. Dabei formt man die Vertiefung um die Luftzufuhr entsprechend der gewünschten Feuergröße. Es sollte auf jeden Fall genügend Platz bleiben, damit sich die Schlacke unterhalb des Gebläserohrs absetzen kann.

FEUERSCHÜSSEL ODER ESSEISEN

Im Laufe der Zeit führt die von der Schmiede erzeugte Hitze zur Oxidation des Luftauslasses, was einen regelmäßigen Austausch erforderlich macht. Außerdem sammeln sich Schlacke und Ablagerungen aus dem Feuer im Luftauslass an, was den Luftstrom zum Feuer behindert. Diese Ablagerungen müssen regelmäßig entfernt werden, um eine ausreichende Luftzufuhr zu gewährleisten.

GASESSE

Mit der Zeit verschlechtert sich der Zustand der feuerfesten Auskleidung der Gasesse und muss ersetzt werden. Dazu sollte unbedingt das gleiche Auskleidungsmaterial – oder eine vom Hersteller empfohlene Alternative – verwendet werden. Bei der Arbeit mit feuerfesten Materialien müssen zum Schutz vor Feinstaub unbedingt eine Atemschutzmaske sowie Handschuhe getragen werden. Alle Gasanschlüsse sollten entsprechend den Sicherheitsvorschriften überprüft werden. Wird eine Gasesse mit elektrischem Gebläse verwendet, muss die ordnungsgemäße Funktion vorab geprüft werden.

Bei dieser mobilen Schmiede wird ein großer Blasebalg verwendet, um einen ausreichenden Luftstrom zum Feuer zu gewährleisten. Um das metallene Verbindungsrohr und den Holzbalg vor Überhitzung und Verbrennung zu schützen, kühlt man diese mit nassen Lappen.

SCHMIEDBARE METALLE

Warmgewalzter Baustahl ist die am häufigsten von Schmieden verwendete Stahlsorte, da er leicht zu schmieden und leicht erhältlich ist.

Die am häufigsten verwendeten Metalle zum Schmieden sind Eisen und seine Legierungen, Kupfer und seine Legierungen sowie verschiedene spezielle Stahlsorten. Jedes Metall hat seine ganz eigene Zusammensetzung. Diese zu kennen, ist essenziell für jeden Schmied: Die Zusammensetzung des Stahls bestimmt seine Eigenschaften und beeinflusst die Bearbeitungsmöglichkeiten. So sind Stahllegierungen mit einem Kohlenstoffgehalt von mehr als einem Prozent schwerer zu schmieden als niedriger legierte Stähle. Bei einem Kohlenstoffgehalt von 1,70 bis 3,00 Prozent spricht man von Gusseisen, das auf herkömmlichem Wege nicht mehr schmiedbar ist.

Puddeleisen erkennt man, wenn man eine Stange halb durchschneidet und bis zum Bruch biegt. An der Bruchkante wird die charakteristische Kornstruktur des Puddeleisens sichtbar.

VERSCHIEDENE METALLE

Nachfolgend beschreiben wir einige bewährte, zum Schmieden gut geeignete Metalle und wofür sie insbesondere genutzt werden können.

Unlegierter Stahl

Stahl mit einem Kohlenstoffgehalt von nur 0,05 bis 0,25 Prozent gehört zu den am häufigsten verwendeten Metallen in der Schmiedekunst, da er fester als Eisen ist, aber weicher und leichter zu bearbeiten als Stähle mit einem höheren Kohlenstoffgehalt.

Er wird für Schmiedearbeiten und Projekte verwendet, die nicht die Festigkeit und Widerstandsfähigkeit eines höher legierten Carbonstahls erfordern. Außerdem ist er preiswerter als kohlenstoffreicher Stahl.

Stahl mit hohem Kohlenstoffgehalt

Die Zusammensetzung des Stahls, die sogenannte Legierung, ist entscheidend für den Einsatzzweck. Ein höherer Kohlenstoffgehalt zwischen 0,60 und 1,00 Prozent macht Stahl unter anderem für die Herstellung von Schlagwerkzeugen, Messern und Federn geeignet. Jede Legierung hat unterschiedliche Eigenschaften und demzufolge andere Einsatzmöglichkeiten.

So enthält 15N20 beispielsweise 0,75 Prozent Kohlenstoff und 2,00 Prozent Nickel, wobei ihm letzterer Zusatz im Vergleich zu O1-Werkzeugstahl eine verbesserte Korrosionsbeständigkeit verleiht. O1 wiederum ist durch einen Kohlenstoffgehalt von 0,85 bis 1,00 Prozent und zusätzlich 0,40 bis 0,60 Prozent Wolfram härter und verschleißfester.

Nachstehend einige kohlenstoffreiche Stähle und ihre Verwendungsmöglichkeiten:

- 1095 (auch als 1.1274 / C100 bekannt, 0,95 % Kohlenstoff): Messerklingen
- 01-Werkzeugstahl (auch als 1.2510 bekannt, 0,85 bis 1,00 % Kohlenstoff): Werkzeugstahl (Durchschläge/Meißel), Messerklingen
- 15N20 (auch als 1.5634 oder 75Ni8 bekannt, 0,75 % Kohlenstoff): Er ist ein zäh-harter Stahl für Messerklingen, der aufgrund seines hell zeichnenden Nickelanteils oft auch als Bestandteil von Damast-Paketen verwendet wird.

Mit der richtigen Wärmebehandlung erreichen kohlenstoffreiche Stähle eine hohe Härte. Dadurch eignet sich dieses Material für eine Vielzahl von Anwendungen, zum Beispiel für Hämmer, Messer und Ambosse.

Da Kupfer die Wärme sehr gut leitet, wird es seit langem für die Herstellung von Kochtöpfen verwendet. Damit das Material lebensmittelecht wird, bringt man auf der Innenseite eine Zinnschicht auf. Dadurch reagiert die Säure der Lebensmittel nicht mit dem Kupfer.

Puddeleisen

Puddel- oder Schmiedeeisen unterscheidet sich von Stahl dadurch, dass der Kohlenstoffgehalt oft sehr niedrig ist und bei nur etwa 0,10 Prozent liegt. Außerdem enthält es rund zwei Prozent Schlacke. Diese Schlacke kann beim Bearbeiten mit niedrigen Temperaturen zu Brüchen führen. Gleichzeitig kann die Schlacke aber auch als Flussmittel wirken und dazu beitragen, das Eisen wieder zusammenzuschmelzen. Je mehr das Eisen bearbeitet wird, desto mehr verfestigt es sich und desto mehr Schlacke wird herausgearbeitet, was zu einer tendenziell höheren Härte führt.

Eine Überhitzung des Schmiedeeisens während des Schmiedens kann zu massivem Kornwachstum und zu Rissen führen. Es sind jedoch Maßnahmen zur Verringerung des Kornwachstums möglich. Diese werden im Kapitel Wärmebehandlung beschrieben.

Puddeleisen wird häufig in der Denkmalpflege verwendet, um Reparaturen authentisch durchzuführen.

Gusseisen

Gusseisen ist eine Eisen-Kohlenstoff-Legierung, die mehr als zwei Prozent Kohlenstoff enthält. Dieser hohe Kohlenstoffgehalt macht es spröde und ungeeignet zum Schmieden.

Kupfer

Kupfer ist ein relativ weiches Metall, das sich sehr gut schmieden lässt. Beim Arbeiten mit erhitztem Kupfer muss man eine Zange verwenden, da seine Wärmeleitfähigkeit viel höher als die von Stahl oder Eisen ist. Es kann geschmiedet werden, sobald es hellrot glüht, da es im Vergleich zu Stahl extrem weich ist. Eine Überhitzung muss vermieden werden. Wird Kupfer bis zu einem hellen Gelbton erhitzt, läuft man Gefahr, zu viel Material zu bewegen oder das Kupfer zu schmelzen.

Messing

Messing ist eine Legierung aus Kupfer und Zink. Da beim Erhitzen von Messing gefährliche Dämpfe freigesetzt werden, ist es wichtig, in einem gut belüfteten Raum zu arbeiten. Eine Überhitzung von Messing kann dazu führen, dass das enthaltene Zink verdampft – was sich nachteilig auf die Festigkeit des Messings auswirkt.

Messing ist ein beliebtes Metall für Zierelemente wie zum Beispiel Türklopfer, da es sich leicht gießen lässt. Im Vergleich zu Stahl oder Kupfer ist der Schmelzpunkt niedriger. Messing lässt sich durch Schmieden nicht so leicht formen, Gießen ermöglicht jedoch die Herstellung aufwendiger und schöner Designs.

Gusseisen ist beliebt für die Massenproduktion von Gegenständen wie Schlüsseln, da das Gussverfahren eine einfache Reproduktion ermöglicht.

ACHTUNG!

Bei der Verwendung von Stahlschrott wie zum Beispiel Autofedern ist zu beachten, dass diese nicht sichtbare Materialfehler aufweisen können. Das kann zu einem Versagen des Endprodukts führen – was wiederum zu Verletzungen führen kann.

WÄRME-BEHANDLUNG

Die Wärmebehandlung ist ein wesentlicher Prozess bei der Herstellung von Werkzeugen aus gehärtetem Stahl, wie zum Beispiel Messern, Meißeln, Durchschlägen und Hämmern. Damit die Wärmebehandlung gelingt, sind viele Schritte erforderlich, die genau befolgt werden müssen. In diesem Kapitel beschreiben wir eine relativ einfache Methode, die sich für grundlegende Tätigkeiten eignet.

Die Wärmebehandlung ist ein aufwendiger Prozess, der spezielle Härteöfen erfordert und dann optimierte Ergebnisse liefert. Es gibt jedoch auch eine einfachere Methode, die sich mit normalem Schmiedezubehör umsetzen lässt. Für das Erlernen der Grundlagen des Schmiedens ist diese einfache Technik ausreichend.

DIE WÄRMEBEHANDLUNG

Die Wärmebehandlung von Stahl oder anderen Metallen und Werkstoffen wie Aluminium und Glas ist vereinfacht gesagt ein Verfahren, bei dem das Material für eine bestimmte Zeitspanne auf eine bestimmte Temperatur erhitzt und dann rasch abgekühlt wird. Das dient dazu, die Mikrostruktur des Materials zu verändern und gewünschte Eigenschaften zu erzielen.

Das gewünschte Endergebnis der Wärmebehandlung einer Messerklinge ist beispielsweise, dass sie eine scharfe Schneide behält und sich nicht biegt. Der Nachteil ist, dass die Klinge durch das Härten zunächst sehr spröde wird. Die Härte wird durch Abschrecken, also das abrupte Abkühlen der zuvor erhitzten Klinge erreicht. Danach muss die extreme Härte in weiteren Wärmebehandlungsschritten reduziert werden, um die Klinge zäher und belastbarer zu machen. Das bezeichnet man als Anlassen.

WISSENSCHAFTLICHE GRUNDLAGEN

Ein wichtiger Schritt bei der Wärmebehandlung ist das Erhitzen des Stahls auf eine Temperatur von über 723 °C. Bei dieser Temperatur verliert der Stahl seine magnetischen Eigenschaften und erlangt sie erst wieder, wenn er unter diesen Punkt abkühlt. Die Wärmebehandlung verändert den inneren Aufbau des Stahls komplett.

Dazu wird der Stahl auf eine Temperatur zwischen 800 und 1.200 Grad gebracht. Der genaue Wert ist von der Legierung abhängig. Schmiede nutzen die sogenannten Glühfarben (von Kirschrot bis Hellgelb) zur Bestimmung der Härtetemperatur. Bei dieser Temperatur wird das Ferrit-Gefüge in Austenit umgewandelt: Der Kohlenstoff, der bei weichem Stahl an das Eisen gebunden ist, löst sich von seinen Plätzen und verteilt sich innerhalb des neuen Stahlgefüges. Wird der Stahl nach einer gewissen Haltezeit schockartig abgekühlt, indem man ihn in eine deutlich kühlere Härteflüssigkeit (Wasser oder Öl) gibt, können die freien Kohlenstoffatome nicht mehr in ihre ursprüngliche Ausgangslage zurückfinden und werden im neuen Gefüge (als Martensit bezeichnet) „eingeklemmt". Die dabei entstehende Spannung macht den Stahl hart. Die zu hohen Spannungen löst man durch gezielte Wärmezufuhr auf. Das sogenannte Anlassen wird oft mehrere Male durchgeführt. Der Stahl verliert dabei wieder an Härte, wird aber zäher.

- Austenit: Dieser bildet sich meist bei mehr als 723 °C, wenn das Gefüge kubisch-flächenzentriert wird und nicht mehr magnetisch ist.
- Zementit (Eisenkarbid): Sein Name kommt von „Zement" (Zementstahl, früher „cämentierter Stahl" = aufgekohlter Stahl) und wird in Reinform gelegentlich auch als Nichtoxidkeramik betrachtet.
- Martensit: Der Kohlenstoff ist gleichmäßig im Stahl verteilt, wodurch ein hartes Gefüge entsteht.

Den größten Einfluss auf das Endergebnis der Wärmebehandlung haben der Kohlenstoffgehalt des Stahls und die Tatsache, ob er die einzelnen

Beim Erhitzen von Stahl und anderen Metallen entstehen verschiedene Glühfarben, die anzeigen, wie heiß das Metall während des Prozesses geworden ist. Das Glühen entsteht dadurch, dass die Hitze die Elektronen des Metalls anregt und so sichtbares Licht erzeugt.

BEISPIELE FÜR GLÜHFARBEN

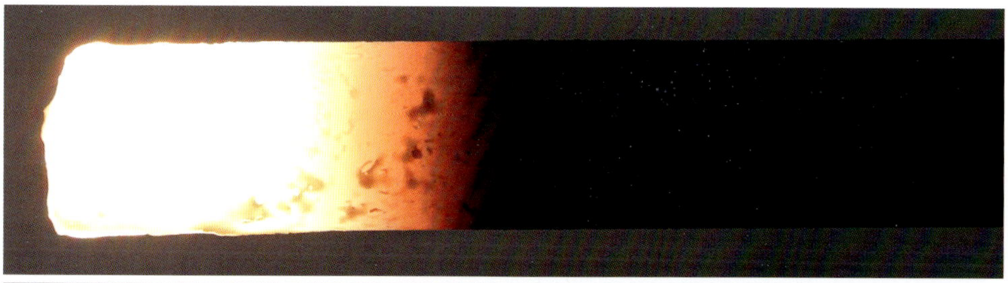

Dunkelgelb zeigt eine Temperatur von etwa 1.038 bis 1.093 °C an.

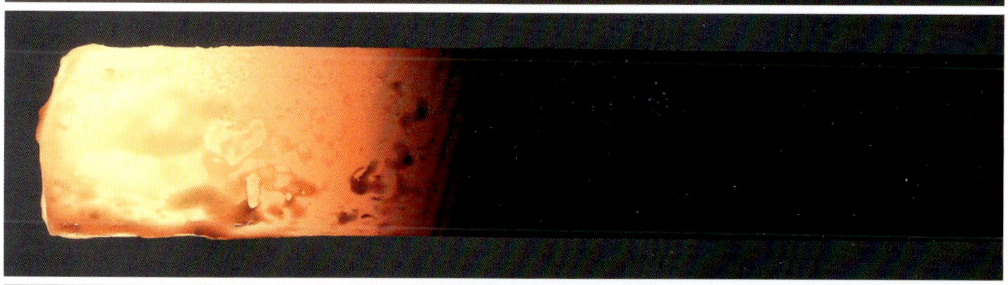

Gelbrot deutet auf eine Temperatur von 982 °C hin.

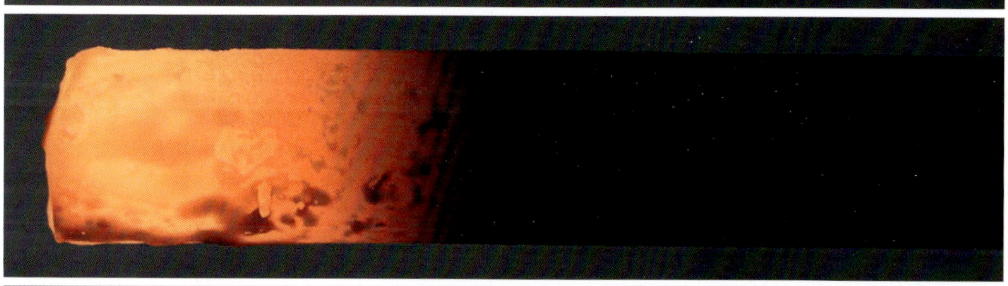

Kirschrot zeigt eine Temperatur von ca. 760 °C an.

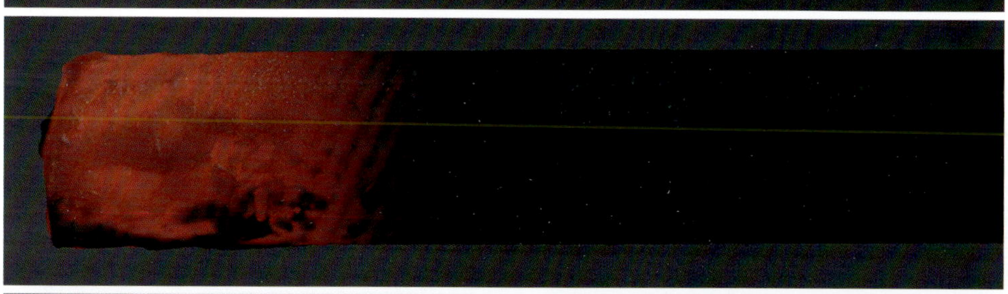

Dunkelrot zeigt eine Temperatur von 704 °C an.

Braunrot zeigt eine Temperatur um 650 °C an.

Eine schwarzbraune Glühfarbe deutet auf eine Temperatur um 590 °C hin.

Stufen vollständig durchlaufen hat oder nicht. Dabei spielen die Einwirkzeit der Temperatur und die Geschwindigkeit des Abschreckens durch das richtige Medium eine entscheidende Rolle.

GLÜHEN

Das Glühen ist ein Teil der Wärmebehandlung und hat zum Ziel, die Kornstruktur des Metalls zu verbessern. In der Anwärmphase bringt man das Werkstück auf die Haltetemperatur, wärmt es vollständig durch und hält es bei einer konstanten Temperatur. In der Abkühlphase wird das Werkstück wieder auf Umgebungstemperatur gebracht. Sowohl in der Anwärm- als auch in der Abkühlphase kann die Einhaltung spezifischer Anwärm- und Abkühlgeschwindigkeiten erforderlich sein. Bei richtiger Durchführung werden die inneren Spannungen des Metalls abgebaut, und das Metall wird leichter streckbar.

NORMALISIEREN

Das Normalglühen (auch Normalisieren oder Rückfeinen genannt) ist ein Wärmebehandlungsverfahren für Stahl. Das Ziel ist, vorhandene Gefügeungleichmäßigkeiten zu beseitigen und ein feinkörniges und gleichmäßiges Gefüge zu erhalten, das optimierte Festigkeits- und Verformbarkeitseigenschaften besitzt. Im Gegensatz zum Glühen behält normalisiertes Metall eine höhere Zähigkeit. Ein Hammerkopf aus normalisiertem Stahl verschleißt gleichmäßig und zeichnet sich durch eine längere Haltbarkeit aus.

Dieses Bild zeigt die Zunderbildung bei gehärtetem Stahl.

ANLASSEN

Das Anlassen des Stahls ist der letzte Schritt. Es reduziert die Sprödigkeit und innere Spannungen im Metall, die durch das Abschrecken entstanden sind. Auch dabei wird der Stahl erwärmt und abgeschreckt, allerdings in einem viel niedrigeren Temperaturbereich von 176 bis 388 °C. Dazu muss der Stahl auf die passende Temperatur erwärmt, etwa eine Stunde lang gehalten (diese Zeit kann bei verschiedenen Metallen variieren) und dann abgeschreckt werden. Je niedriger die gewählte Temperatur ist, desto spröder und härter wird das Endergebnis sein. Ein Messer wird zwischen 180 und 240 °C angelassen.

FLAMMHÄRTEN

Hier wird nur ein bestimmter Teil des Metalls erhitzt und wärmebehandelt. Bei einem Messer etwa kann man nur den Bereich der Schneide mit einem Gasbrenner über die kritische Temperatur erhitzen und dann abschrecken. Als Ergebnis wird nur die Schneide gehärtet. Der Brenner kann dann – bei niedrigeren Einstellungen – auch zum Anlassen des Stahls eingesetzt werden.

ENTKOHLUNG

Eine Entkohlung findet statt, wenn der Stahl in Gegenwart einer oxidierenden Atmosphäre über die kritische Temperatur erhitzt wird. Wenn der Kohlenstoff mit dem Eisen in Lösung geht, reagiert er mit der oxidierenden Atmosphäre, wodurch der Kohlenstoffanteil im Stahl sinkt. Das ist in der Regel ein unerwünschter Vorgang.

JEDES METALL IST ANDERS

Man muss die Spezifikationen des verwendeten Metalls kennen, um es korrekt wärmezubehandeln. Außerdem ist es wichtig, dass man während der Abschreckphase zur Vermeidung von Verbrennungen und anderen Verletzungen eine geeignete Schutzausrüstung trägt. Insbesondere bei lufthärtenden Stählen ist Vorsicht geboten. Werden sie versehentlich abrupt abgeschreckt, besteht die Gefahr, dass sie durch die inneren Spannungen auseinanderbrechen oder explosionsartig zerspringen. Sicherheit hat immer Vorrang.

ABSCHRECKEN

Abschrecken nennt man den Prozess des schnellen Abkühlens von Stahl, nachdem er über die kritische Temperatur erhitzt wurde. Dadurch wird der Kristallaufbau im Stahl verändert, was zu veränderten mechanischen Eigenschaften führt.

Es gibt viele Möglichkeiten, Metalle abzuschrecken. Jede hat Vor- und Nachteile. Grundlegende Methoden sind die Abschreckung in Wasser, Öl oder Luft.

Bei der Wasserabschreckung besteht die Gefahr, dass sich ein Dampfmantel um das Metall bildet und dadurch eine ungleichmäßige Abschreckung erfolgt. Das kann aufgrund der entstehenden Spannungen zu einer Rissbildung führen.

Öl kühlt Metall langsamer ab als Wasser, was bedeutet, dass es weniger wahrscheinlich ist, das Material zu überlasten und einen Riss zu verursachen. Allerdings ist Öl entflammbar.

Einige Stähle sind lufthärtend und können daher auf eine kritische Temperatur erhitzt werden und danach an der Luft abkühlen.

Nachstehend beschreiben wir die verschiedenen Abschreckmedien. Die besten Ergebnisse erzielt man, wenn man den Wärmebehandlungsleitfaden für den verwendeten Stahl befolgt. Hinweise dazu liefert der Erzeuger oder Händler. Wird das Metall vor dem Abschrecken nicht geglüht, kann es sich aufgrund der inneren Spannungen verziehen.

- Wasser: Führt zu einem sehr schnellen Abschrecken, das einige Stähle überbeanspruchen kann. Da Wasser nicht brennbar ist, besteht keine Brandgefahr.

- Öl: Erzeugt eine Abschreckung mit mittlerer Geschwindigkeit, die zuverlässige Ergebnisse liefert. Verschiedene Ölsorten können verwendet werden, um die Abkühlung zu beschleunigen oder zu verlangsamen. Gängige Öle sind Pflanzen- oder Rapsöl. Es können auch professionelle Härteöle gekauft werden. Beim Abschrecken in Öl ist Vorsicht geboten, da es entflammbar ist.

- Luft: Bei dieser Abschreckmethode wird ein sogenannter lufthärtender Stahl entweder bei Raumtemperatur an der Luft oder schneller gezielt mit Druckluft abgekühlt. Es handelt sich oft um ein langsames Abschrecken, das die mechanischen Eigenschaften beeinträchtigen kann. Legt man das Metall jedoch zum Abschrecken zwischen zwei dicke Aluminiumplatten und presst Druckluft durch den Spalt, kann eine schnellere Abkühlung erreicht werden. Zusätzlich verzieht sich das Metall bei dieser Art der Abkühlung nicht.

- Salzsole: Sie besteht aus einer Mischung aus Wasser und Salz und ist das schnellste Abschreckmedium. Das Salz verhindert die Bildung überschüssiger Luftblasen, wenn die Sole mit dem abgeschreckten Stahl in Berührung kommt. Der Salzanteil für das Abschrecken in Sole liegt zwischen 5 und 7 Prozent.

Wasser ist eine schnelle Methode zum Abschrecken.

DIE PROJEKTE

MATERIALIEN
- *Rundstahl mit einem Durchmesser von 12 mm und 36 cm Länge*
- *Bienenwachs, Stofflappen oder Zeitungspapier*

WERKZEUGE
- *Kugelhammer*
- *Drahtbürste*
- *Schmiedezange*

ANGEWANDTE TECHNIKEN
- *Spitzen*
- *Absetzen*
- *Ausschmieden*
- *Einrollen*

PROJEKT 1: DER BLATTANHÄNGER

Das geschmiedete Blatt ist ein kleiner, dekorativer Gegenstand, der in kurzer Zeit hergestellt werden kann. Zur Herstellung benötigt man jedoch bereits ein Spektrum verschiedener Fertigkeiten. In diesem Projekt erlernen Sie grundlegende Techniken wie das Spitzen und Absetzen und das genaue Isolieren von Material mithilfe des Ambosses zum Schmieden von Absetzungen. Zum Schluss wird der verjüngte Stiel des Blatts zu einem verschnörkelten Ende eingerollt. Das Blatt kann als Schmuckanhänger oder an einem Schlüsselring getragen werden.

WICHTIGE HINWEISE

- Die unterschiedlichen Stärken der verwendeten Materialien können zu Problemen beim Arbeiten führen.
- Bei zu hohen Temperaturen kann das Projekt „verbrennen".
- Zum Schmieden bietet es sich an, das Blatt möglichst am Stangenende mit einem Handschuh zu halten. So benötigt man keine Zange, um das Projekt beim Bearbeiten zu führen.

Ausgangsmaterial ist ein 36 cm langer Rundstahl mit 12 mm Durchmesser.

1. SCHMIEDEN DER SPITZE

Erhitzen Sie den Rundstahl auf Hellgelb, damit das Material effizient geschmiedet werden kann (a). Legen Sie die glühende Spitze dann an den äußersten Rand des Ambosses und schlagen Sie mit einem Hammer in einem 45-Grad-Winkel darauf, wobei Sie die Stange immer um 90 Grad drehen. Wenn Sie den Winkel beim Hämmern und Drehen der Stange beibehalten, bildet sich eine kurze Verjüngung und schließlich eine Spitze am Ende der Stange (b).

2. ABSETZEN HINTER DER SPITZE

Legen Sie die Spitze über die Kante des Ambosses und heben Sie die Stange etwas an. Dadurch kann die Ambosskante in das Material eindringen (a). Schlagen Sie mit dem Hammer halb auf den Amboss, halb vom Amboss weg, um die Ambosskante in die Stange zu drücken. Dadurch entsteht ein Absatz (b).

3

3. BEARBEITEN DER SEITEN

Drehen Sie die Stange um 90 Grad und wiederholen Sie den Absetz-Vorgang. Bearbeiten Sie die beiden Seiten so lange, bis sich die Stange auf 5 bis 6 mm verjüngt. Am Ende sollte ein quadratischer Abschnitt mit einer allmählichen Verjüngung entstehen, die in Richtung der Hand zeigt, die den Stab hält.

4. VERFEINERN DES ABSATZES HINTER DER SPITZE

Bearbeiten Sie beide Seiten weiter und positionieren Sie dazu die Spitze der Stange über der Ambosskante. Schmieden Sie die Spitze auf diese Weise allmählich zu einer glatten Verjüngung herunter. Dadurch entsteht die Länge des Blattstiels (a). An der Stelle, wo der Stiel enden soll, erzeugen Sie mithilfe der nahen Ambosskante eine Absetzung. Schmieden Sie weiter und verjüngen Sie den Stiel bis zu dem Punkt, der zum Hauptblatt werden soll. Behalten Sie eine Stärke von etwa 3 mm bei (b und c).

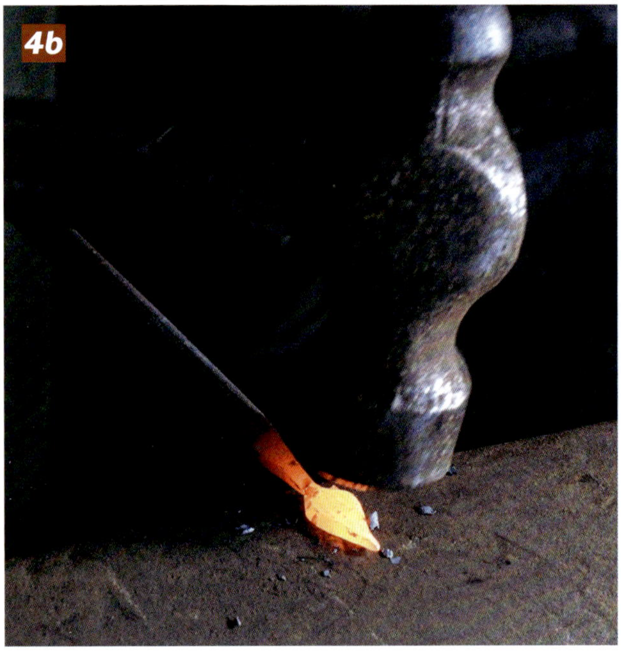

5

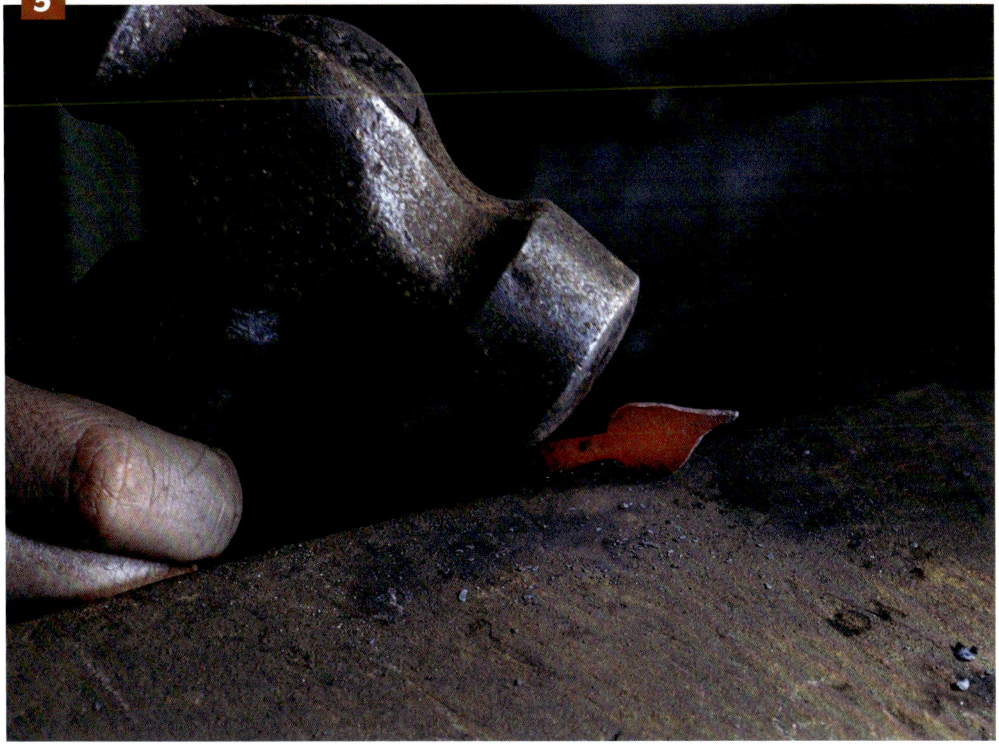

5. ABFLACHUNG DES BLATTS

Schmieden Sie mit abgewinkelten Hammerschlägen weiter – und zwar nur auf einer Seite der erhabenen Kante des isolierten Materials aus Schritt 2. Anschließend schmieden Sie gerade nach unten und weiten das Blattmaterial, bis es etwa 4 mm dick ist. Schlagen Sie nun mit der Kugelkopfseite eines Hammers vorsichtig auf beide Seiten des abgeflachten Materials, so dass der Mittelsteg des Blatts entsteht.

6

6. LEICHTE HAMMERSCHLÄGE

In diesem Schritt muss ganz besonders auf die richtige Temperatur geachtet werden. Denn wenn das Werkstück unterhalb der durch eine dunkelgelbe Glühfarbe angezeigten Temperatur bearbeitet wird, kann es brechen. Jedoch lässt sich die Struktur des Blatts mit leichten Hammerschlägen auch noch bei Glühfarben zwischen Dunkel- und Kirschrot herausarbeiten.

7. SEITLICHES SCHMIEDEN

Nehmen Sie sich an dieser Stelle einen Moment Zeit, um die rauen Kanten Ihres Blatts zu verfeinern. Diese können bei einer gelbroten Färbung mit leichten Schlägen ins Grundmaterial zurückgeschmiedet werden. Anschließend können Sie das Blatt mit der Bahnfläche nach oben legen und mit einem Kugelhammer weitere, eventuell notwendige Anpassungen vornehmen.

7

8. SCHRÄGES SCHMIEDEN DES STIELS

Schmieden Sie die Kanten des Stiels, um den Stab von einer quadratischen in eine achteckige Form zu bringen. Achten Sie dabei vor allem darauf, dass sich das eigentliche Blatt weder verbiegt noch Hammerspuren abbekommt (a). Hämmern Sie nach und nach die Kanten, bis die Stange von der achteckigen in eine runde Form übergeht und strukturiert wird (b). Das Bearbeiten mit einer Drahtbürtste bei kirschroter Färbung glättet die Oberfläche weiter (c).

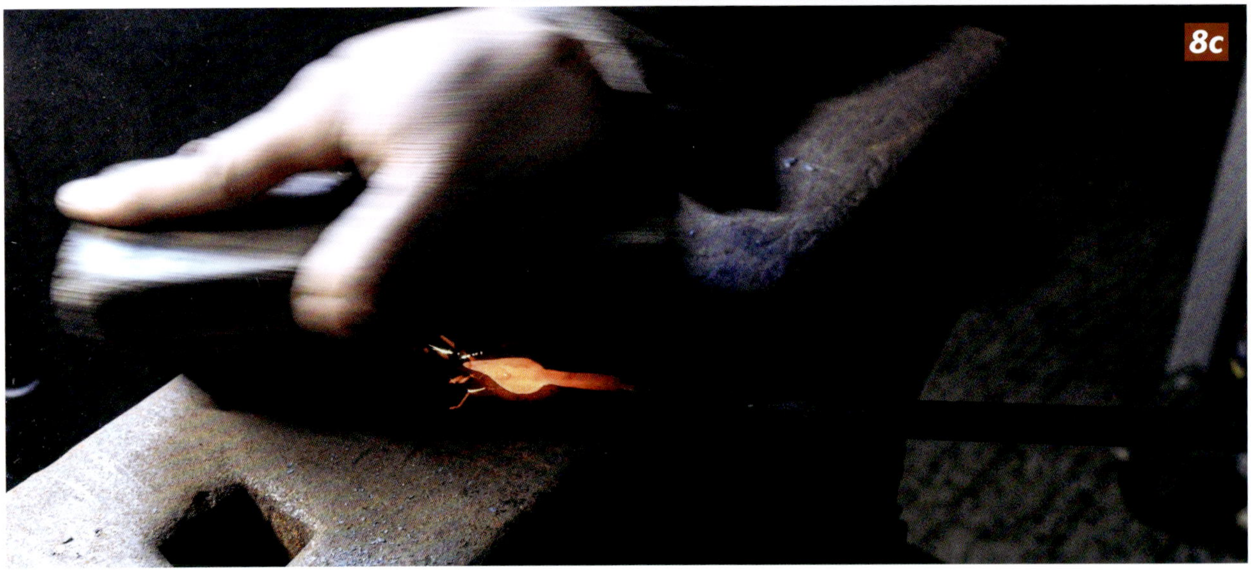

9. EINROLLEN UND TRENNEN

Sobald das Material eine hellgelbe Glühfarbe zeigt, können Sie den Stiel des Blatts mit einer Zange oder Rollzange biegen. Orientieren Sie sich bei der Biegung am Goldenen Schnitt, wie er auch in der Natur vorkommt (a). Erhitzen Sie dann auch das Blatt auf Hellgelb und halten Sie es weiter in einer Zange (b), während Sie den Stab so weit drehen, bis er kontrolliert abbricht (c). Alternativ benutzt man dazu einen Abschrot.

10. BÜRSTEN
Fixieren Sie das Blatt mit einer Zange und bürsten Sie es mit einer Drahtbürste, um die Oberfläche von der Oxidschicht zu befreien und für das Wachsen vorzubereiten.

11. LETZTE ARBEITSSCHRITTE
Erwärmen Sie das Blatt, indem Sie es mit einer Zange in die Flammen oder glühende Kohlen halten, aber erwärmen Sie es nicht über eine schwarzbraune Glühfarbe (a). Überprüfen Sie die Temperatur, indem Sie etwas Bienenwachs auf das Metall auftragen – wenn das Wachs nicht zu stark raucht, ist die Temperatur richtig (b).

12

12. POLIEREN

Das Wachs sollte das Material nur in einer dünnen Schicht bedecken – sonst besteht die Gefahr, dass sich das Wachs entzündet und aufflammt. Sobald das Wachs abgekühlt ist, kann man das Blatt mit einem Stofflappen oder einem Stück Zeitungspapier polieren.

MATERIALIEN

- *Rundstahl mit hohem Kohlenstoffgehalt (Feder- oder Werkzeugstahl) mit einem Durchmesser von 20 mm und einer Länge von 18 cm*
- *Öl zum Abschrecken*

WERKZEUGE

- *Rundzange*
- *Hammer mit Kugelkopf*
- *Feile (oder Band-/Winkelschleifer)*
- *Drahtbürste*

ANGEWANDTE TECHNIKEN

- *Ausschmieden*
- *Materialkontrolle und -veredelung*
- *Wärmebehandlung*
- *Oberflächenbearbeitung*

PROJEKT 2: DER DURCHSCHLAG

Bei diesem Projekt liegen die Schwerpunkte auf der Beherrschung des Materials und präziser Arbeit. Außerdem werden auch grundlegende Wärmebehandlungstechniken angewendet, wie das Härten durch Abschrecken in Öl, Glühen und Anlassen. Am Ende wird man mit einem hochwertigen Werkzeug belohnt.

WICHTIGE HINWEISE

- Vermeiden Sie es, den Stahl auf eine hellgelbe Temperatur zu bringen. Dies kann zu einer Verringerung des Kohlenstoffanteils und zum Verbrennen des Stahls führen, was einen Neubeginn erforderlich machen würde.
- Statt einer Feile können Sie einen Band- oder Winkelschleifer nutzen, um den Durchschlag zu glätten und abzurunden.
- Eine mangelhafte Härtung kann zu Materialfehlern führen, was die Arbeitssicherheit beeinträchtigt. Achten Sie daher insbesondere auf Risse.

1. SCHMIEDEN DER VERJÜNGUNG

Erhitzen Sie die Stange auf ein Dunkelgelb und greifen Sie das Werkstück mit einer Rundzange. Mit einem Schmiedehammer werden zwei Seiten zu einem Vierkantstahl geschmiedet (a). Auf diese Weise kann der Kegel, der als nächstes geformt wird, besser im Auge behalten werden. Lassen Sie 75 mm des ursprünglichen Materials an der Spitze der Stange stehen. Sobald die Spitze zu einem Quadrat geformt ist, drehen Sie sie um und schmieden eine scharfe Verjüngung entlang der Kante (b).

1a

1b

2. SCHMIEDEN DER ACHTECKIGEN VERJÜNGUNG

Schmieden Sie jede Kante des viereckigen Querschnitts nach unten, um so eine achteckige Form zu erzeugen. Achten Sie darauf, die Stange gerade zu halten und gleichmäßig zu schmieden. Besonderes Augenmerk sollte dabei auf den Ansatz der Verjüngung gerichtet werden, da dieser Bereich mitentscheidend für ein gutes Endergebnis ist.

2

3

3. LETZTE SCHMIEDESCHRITTE

Flachen Sie Erhöhungen und Unregelmäßigkeiten ab, bis die Oberfläche gerundet und glatt ist. Der Durchschlag sollte sich sauber und gleichmäßig verjüngen. Mit einer Drahtbürste kann die Oberfläche des Durchschlags – insbesondere gegen Ende des Schmiedevorgangs – weiter geglättet werden.

4. FEILEN UND BÜRSTEN

Bearbeiten Sie die Oberfläche des Durchschlags mit Feile und Drahtbürste, bis sie glatt ist. Verwenden Sie dazu zunächst den groben Hieb der Feile, später dann den feineren (a). Zum Schluss wird die Oberfläche mit der Drahtbürste kräftig und fest abgebürstet (b). Zwar wird das Werkstück während der folgenden Wärmebehandlung erneut oxidieren, doch je glatter es in diesem Stadium ist, desto leichter lässt es sich anschließend reinigen. Wer einen Bandschleifer oder Winkelschleifer besitzt, kann auch diesen verwenden.

5. WÄRME-BEHANDLUNG
Erhitzen und kühlen Sie den Durchschlag entsprechend der spezifischen Vorgaben fürs Normalisieren der verwendeten Stahllegierung (siehe Kapitel Wärmebehandlung).

5

MATERIALIEN
- *Rundstahl mit hohem Kohlenstoffgehalt (Feder- oder Werkzeugstahl) mit einem Durchmesser von 20 mm und einer Länge von 18 cm*
- *Öl zum Abschrecken*

WERKZEUGE
- *Zange*
- *Hammer mit Kugelkopf*
- *Raspel (oder Band-/ Winkelschleifer)*
- *Drahtbürste*

ANGEWANDTE TECHNIKEN
- *Temperaturkontrolle*
- *Herunterschmieden von Material*

PROJEKT 3: DER SPALTMEISSEL

Spaltmeißel werden für zahlreiche Arbeiten in der Schmiede benötigt. Die Schwierigkeit bei der Herstellung dieses Werkzeugs liegt vor allem in der Wärmebehandlung und weniger in der ausformenden Schmiedearbeit. Wie auch schon beim vorhergehenden Projekt 2, der Herstellung eines Durchschlags, ist hauptsächlich die Kontrolle der Schmiedetemperatur sehr wichtig: Zu starkes Erhitzen kann dem Stahl Kohlenstoff entziehen, während das Schmieden bei einer zu niedrigen Temperatur letztlich zu strukturellen Fehlern führt.

WICHTIGE HINWEISE

- Im Verlauf des Projekts können aufgrund der unterschiedlichen Stärken des Werkstücks Probleme auftreten.
- Behalten Sie die Temperatur im Blick.
- Nach der Wärmebehandlung der Schneide des Spaltmeißels muss diese auf Risse geprüft werden.

1. ERSTES ERHITZEN

Erhitzen Sie den Stahlstab auf Hellgelb.

2. SCHMIEDE-TECHNIKEN

Halten Sie den Rundstahl mit einer Zange und schmieden Sie mit einem Hammer zwei Seiten des erhitzten Bereichs zu einem ovalen/rechteckigen Querschnitt.

3. AUSSCHMIEDEN DER SCHNEIDE

Sobald die Stärke etwa 3 mm beträgt, erzeugen Sie an einem Ende der Stange eine allmähliche Verjüngung. Hier entsteht später die Schneidkante.

4. GEZOGENE KANTE

Schmieden Sie die Stange von beiden Seiten, bis sie sich nach und nach verjüngt. Durch dieses Ausschmieden verbreitert sich das Material zum Ende hin und bekommt eine nach außen gebogene Kontur ähnlich einem Fischschwanz (a). Begradigen Sie die Rundung durch gezielte Hammerschläge – allerdings nicht komplett, denn eine gewisse Rundung ist durchaus erwünscht. Sie ermöglicht später einen glatten und gleichförmigen Schnitt des Spaltmeißels (b).

5. ABWECHSELNDES ZURÜCKSCHMIEDEN UND ABFLACHEN

Schmieden Sie das Ende, bis es etwa 4 mm dick ist. Um die Bildung von Rissen zu verhindern, wird das Ende abwechselnd gestaucht und wieder flach gehämmert.

6. FERTIGSTELLUNG

Erhitzen Sie das Werkstück auf Dunkel- bis Kirschrot und bringen Sie das Ende des Spaltmeißels mit einer Feile oder einem Hammer in Form (a). Arbeiten Sie die Schneidkante durch Feilen und Schleifen weiter aus (b). Letztlich sollte die Schneide des Meißels einen Winkel von 30 Grad haben (c).

6c

MATERIALIEN
- *Flachstahl 10 x 20 mm*
- *Bienenwachs, Stofflappen oder Zeitungspapier*

WERKZEUGE
- *Schmiedehammer oder Kugelhammer*
- *Durchschlag-Werkzeug*
- *Rundzange*
- *Meißel (optional)*
- *Rohhaut- oder Kupferhammer*
- *Drahtbürste und Wachs*

ANGEWANDTE TECHNIKEN
- *Lochen*
- *Weiten*
- *Ausarbeiten*

PROJEKT 4: DER FLASCHENÖFFNER

Zwar ist es grundsätzlich sehr einfach, einen Flaschenöffner zu schmieden, doch die Tücke liegt hier im Detail. Bei diesem Projekt ist präzises Lochen gefragt, sowie Weiten und Ausschmieden unter Zuhilfenahme des Amboss-Horns. Außerdem muss man wieder gut auf die erforderlichen Glühfarben achten. Abweichungen können leicht zu Materialfehlern führen.

WICHTIGE HINWEISE

- Die Öffnung des Flaschenöffners muss nicht zwangsläufig durch Weiten erzeugt werden, sondern kann auch unter Zuhilfenahme eines Durchschlags und des Ambosshorns geformt werden – das Ergebnis ist dann aber nicht ganz so fein.
- Die Materialstärke um die Öffnung herum muss hoch genug bleiben – schließlich muss das Material den Kräften beim Hebeln widerstehen.
- Achten Sie darauf, durch Schmieden und Bürsten eine glatte Oberfläche zu erzeugen, die sich sicher und angenehm greift.

1a

1b

1. HERSTELLEN DER GRUNDLEGENDEN FORM

Erhitzen Sie die Stange auf Hellgelb. Mit dem Horn des Ambosses und einem Hammer mit runder Schlagfläche oder einem Kugelhammer wird eine sanfte Rundung (Kehle) auf jeder Seite der Stange geschmiedet (a). Drehen Sie die Stange abwechselnd um 180 Grad, um eine gleichmäßige Rundung zu formen (b).

2. DURCHSCHLAGEN DES LOCHS

Schlagen Sie mit dem Durchschlag ein Loch in die Mitte des Stabs (a). Der Durchschlag muss während der Arbeit abgekühlt werden, sonst kann er überhitzen und beschädigt werden. Sollte der Durchschlag während des Lochens bereits zu glühen anfangen, darf er auf keinen Fall sofort mit Wasser abgekühlt werden, da er sonst erneut gehärtet wird und sich möglicherweise Härterisse bilden. Sobald der Durchschlag so tief eingeschlagen wurde, dass der Amboss zu spüren ist, wird die Stange umgedreht. Schlagen Sie den Durchschlag nun von der anderen Seite durch (b).

3a

3. AUFWEITEN DES LOCHES

Entfernen Sie den Materialpfropfen mit dem Durchschlagwerkzeug (a, b und c). Benutzen Sie Ihren Durchschlag als Dorn und halten Sie das Werkstück mit einer Zange fest, um das entstandene Loch über dem Ambossloch zu erweitern (d und e).

3b

3c

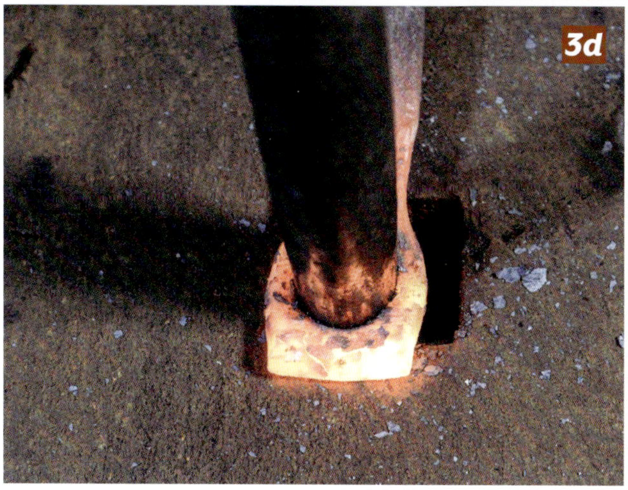
3d

3e

4. HORNARBEIT

Stecken Sie das Loch des Flaschenöffners auf das Rundhorn des Ambosses. Schmieden Sie mit dem Hammer das Material von allen Seiten dünn, sodass sich das Loch vergrößert. Setzen Sie diesen Vorgang fort, bis das Loch einen Durchmesser von 25 mm hat, sodass es gut um einen Flaschenverschluss passt.

5. SCHMIEDEN EINER LIPPE

Um die Oberseite des Flaschenöffners fertigzustellen, verwenden Sie einen kleinen Durchschlag, um einen kleinen Bereich des Materials so zu formen, dass eine Lippe entsteht.

6. VERJÜNGTER GRIFF
Drehen Sie den Flaschenöffner um und erhitzen Sie den Griff auf Dunkelgelb, um ihn in Form zu schmieden. Es sollte nur an zwei Seiten eine leichte Verjüngung geschmiedet werden, die sich zum Boden des Öffners hin ausdehnt. Vor der endgültigen Formgebung des Griffs sollten Sie alle dekorativen Hammer- oder Meißelarbeiten ausführen, solange das Material noch flach ist. Auf Wunsch kann der Griff auch glatt gelassen werden.

7. BIEGEN UND RICHTEN

Wenn Sie bereit für die endgültige Formgebung sind, verwenden Sie einen Rohhaut- oder Kupferhammer, um eine leichte Wölbung in der Mitte des Griffs zu erzeugen, indem Sie über das Horn des Ambosses hämmern (a). Um die Krümmung zu verringern, legen Sie den Stiel quer über die Bahnfläche des Ambosses und schlagen Sie auf die erhöhte Mitte, um sie abzusenken (b).

7a

7b

8. NACHBEARBEITUNG

Verwenden Sie die Drahtbürste, solange das Metall noch heiß ist (a), und tragen Sie Bienenwachs auf (b).

PROJEKT 5: DIE GESCHMIEDETE ROSE

Rosen gelten in vielen Kulturen als Symbol für Schönheit und Liebe, und eine schön geschmiedete Rose ist ein perfektes Geschenk. Der Prozess des Schmiedens eines solch zarten Objekts beinhaltet sowohl Warm- als auch Kaltarbeit und führt gleichzeitig ein neues Material ein. Bei diesem Projekt liegt der Schwerpunkt auf der Genauigkeit und der Kontrolle des Hammers, damit am Ende eine natürliche, organische Rose mit einer glatten, gehämmerten oder plangeschmiedeten Oberfläche entsteht. Formung und Texturierung der Kupferblütenblätter werden durch einige neue Techniken wie antiklastisches Formen, Repoussé und Ziselieren vervollständigt.

MATERIALIEN

- *Kupferblech mit einer Stärke von 2 mm*
- *Rundstahl mit einem Durchmesser von 6 mm und einer Länge von 30 cm*
- *Rundstahl mit einem Durchmesser von 10 mm*

WERKZEUGE

- *Papier, Stift, Lineal und Schere*
- *Anreißnadel*
- *Spaltmeißel*
- *Diverse Feilen*
- *Treibhammer und Schmiedehammer*
- *Kugelpunze*
- *Runder Durchschlag*
- *Kugelhammer*
- *Schraubstock*
- *Drahtbürste und Wachs*
- *Bügelsäge/Winkelschleifer*
- *Kleine Rollzange/Zange*
- *Bandschleifer*
- *Körner*
- *Bohrmaschine und Bohrer*

ZUSÄTZLICHE WERKZEUGE

- *Plasmaschneider*
- *Autogen-/Acetylen- oder Autogen-/Propangasbrenner*

ANGEWANDTE TECHNIKEN

- *Kontrolle des Hammers*
- *Antiklastisches Metalltreiben*
- *Repoussé*
- *Ziselieren*

REPOUSSÉ UND ZISELIEREN

Repoussé bedeutet, von der Rückseite des Materials zu hämmern. Oft wird bei dieser Technik ein Treibkitt oder Pech verwendet, um das Werkstück zu fixieren. Hier wird das Werkstück jedoch auf einem Holzblock geformt, der als weiche Oberfläche fungiert und eine Reliefarbeit ermöglicht. Um die durch das Repoussé ausgeführte Arbeit zu verfeinern, wird anschließend eine Ziselierarbeit durchgeführt. Die Ziselierung dient dazu, Form und Oberfläche der Vorderseite des Blechs zu definieren. Durch die Kombination von Repoussé- und Ziselierungstechniken können Sie sehr detaillierte Blütenblätter für Ihre Rose herstellen.

Sie müssen einige Durchschläge herstellen (siehe Seiten 114–119). Dafür können Sie einfachen Baustahl nutzen, da sie nur für das Kupfer verwendet werden – ein weiches und dehnbares Material. Die Verwendung von Baustahl ist eine schnelle und erschwingliche Alternative zu Werkzeugen aus Carbonstahl. Mit der Zeit werden Sie Ihre bevorzugten Durchschläge herausfinden und können diese zu einem späteren Zeitpunkt aus höherwertigem, wärmebehandeltem Stahl schmieden.

HINWEIS AUF ZUSÄTZLICHE WERKZEUGE

Diese Werkzeuge wurden hinzugefügt, um die anderen Möglichkeiten zu zeigen, wie dieses Projekt angegangen werden kann. Der Plasmaschneider würde anstelle des Spaltmeißels verwendet werden, um die Blütenblätter aus Kupfer oder Stahl zu schneiden. Das hat den Vorteil, dass man eine große Zahl an Mustern entwerfen und sie viel schneller ausschneiden kann, als es mit einem Meißel von Hand möglich wäre. Allerdings verlieren Sie Zeit mit der Reinigung der Bauteile von der Ansammlung von Abfall und Fremdkörpern, die beim Plasmaschneiden entstehen. Das Meißelverfahren ist zwar langsamer, erfordert aber wenig bis gar keine derartigen Reinigungsarbeiten – und keinen teuren Plasmaschneider.

Der Zugang zu einem Autogen-/Acetylen- oder einem Autogen-/Propangasbrenner ermöglicht ein hohes Maß an Hitzesteuerung, was für dieses Projekt hilfreich, aber nicht unbedingt erforderlich ist. Wenn Sie einen Gasbrenner haben, kann dieser als präzise und direkte Wärmequelle fungieren, mit der Sie das Objekt auf Ihre gewünschten Spezifikationen abstimmen können.

Das Ausgangsmaterial ist ein Rundstahl mit 6 mm Stärke.

Außerdem benötigen Sie 2 mm starkes Kupferblech.

1. ERSTELLEN EINER SCHABLONE
Viele Schablonen lassen sich mit einer einfachen Internetrecherche finden. Alternativ können Sie zu Hause eine eigene erstellen. Zeichnen Sie sie auf Papier und schneiden Sie sie aus.

2. ABPAUSEN DER SCHABLONE
Die verschiedenen Blütenblattschablonen übertragen Sie mit einer Anreißnadel auf das Kupferblech.

3

3. AUSSCHNEIDEN DER BLÜTENBLÄTTER

Schneiden Sie die Blütenblätter mit einem Spaltmeißel aus dem Kupferblech aus. Achten Sie darauf, dass eine Schutzschicht aus Aluminium zwischen Ihrer Stahlunterlage und dem Kupferblech liegt, um Beschädigungen der Meißelschneide zu verhindern. Verwenden Sie eine Feile, um die Kanten zu glätten und die Form jedes Blütenblattes zu verfeinern.

4. TEXTURIERUNG DER BLÜTENBLÄTTER

Als nächstes werden die Blütenblätter strukturiert. Beginnen Sie mit einem Treibhammer, um das Metall gleichmäßig über jeden Abschnitt zu verteilen und zu strukturieren. Die Hammerschläge gehen strahlenförmig von der Mitte aus (a). Mit einem Kugelpunzen können Sie das Material genau in die von Ihnen gewünschte Richtung strukturieren oder drücken (b).

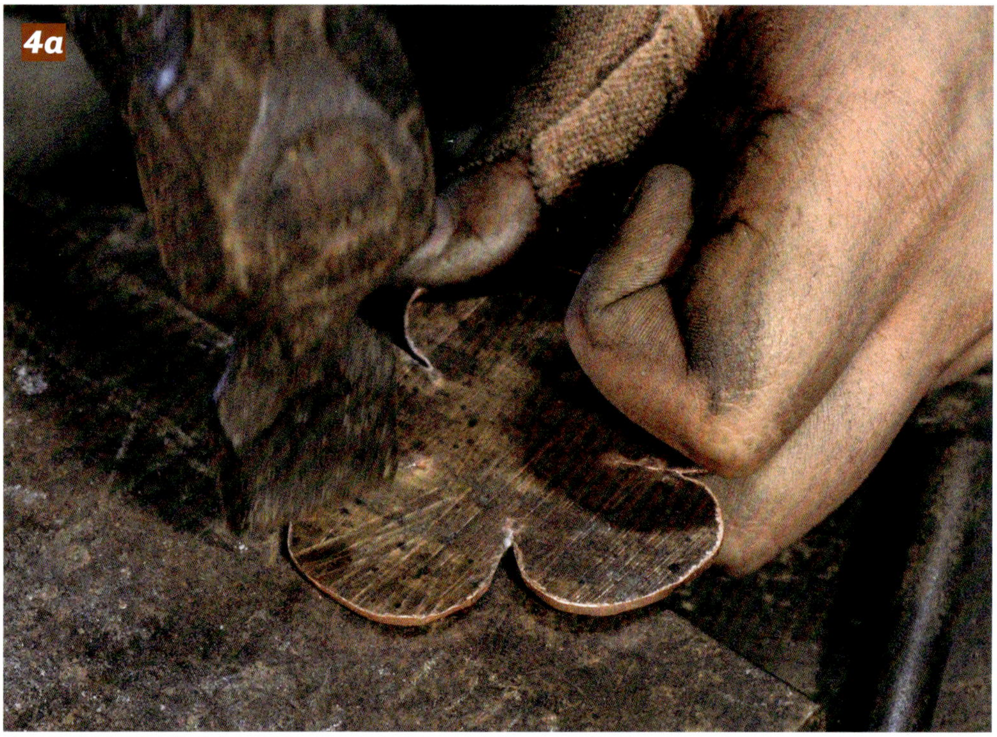

5

5. ABFLACHEN DES BLATTES

Schlagen Sie mit einem Kugelhammer eine leichte Vertiefung in einen Holzblock. Diese wird verwendet, um die Blütenblätter mithilfe eines Hammers und eines Kugelpunzens zu glätten und zu formen. Der Holzblock verhindert, dass das weiche Kupfer durch diese Bearbeitung verkratzt oder beschädigt wird.

6. KUGELPUNZE

Mit einer Kugelpunze kann das Kupfer weiter in den Block gedrückt werden, wodurch sich das Blütenblatt zu einer Schüssel formt (a). Wiederholen Sie die Schritte 1 bis 6, um die gewünschte Anzahl Blütenblätter herzustellen. Danach stapeln Sie die Blütenblätter ineinander, um zu prüfen, ob sie gut zusammenpassen (b).

7. EINROLLEN DER RÄNDER

Rollen Sie die Ränder der Blütenblätter durch gezielte Schläge mit Hammer und Meißel ein. Setzen Sie die Hammerschläge so, dass sie halb auf, halb neben das Material treffen – ähnlich wie beim Absetzen (a). Zum Einrollen können verschiedene Hämmer verwendet werden: Ein Schmiedehammer und ein Kugelhammer eignen sich zum Ausdünnen des Randes (b).

8. GLÄTTEN DER FALZKANTEN

Spannen Sie die Kugelpunze in einen Schraubstock ein und hämmern Sie die gefalteten Kanten dort, wo sie überlappen, glatt (a). Die einzelnen Blütenblätter sollen anschließend sauber ineinander passen (b).

9. GESCHMIEDETER STIEL

Zum Schmieden des Stiels wird auf dem 6 mm starken Rundstahl eine Markierung bei 25 mm angebracht (a). Dieser Bereich wird später erhitzt und auf der Ambossbahn gestaucht (b und c). Sobald sich eine Wölbung gebildet hat, erhitzen Sie den kompletten Stahl und überschmieden das Ende, sodass ein sauberer Übergang zwischen der gestauchten Spitze und dem dünnen Stiel entsteht (d und e). Man sollte sich etwas Zeit nehmen, um diese Arbeit sauber auszuführen.

10. QUADRIEREN DER STANGE

Schmieden Sie die Stange hinter der Verjüngung viereckig (a), und dünnen Sie dann das Material auf einen Mittelpunkt der Stange aus (b). Anschließend verjüngen Sie die Stange von der Mitte bis zum anderen Ende, sodass in der Mitte der Stange ein dünnerer Abschnitt entsteht (c). Zum Schluss bilden Sie einen 45-Grad-Abschluss, um die Stelle nachzuahmen, an der eine echte Rose von einem Strauch abgeschnitten worden wäre (d und e).

10c

10d

10e

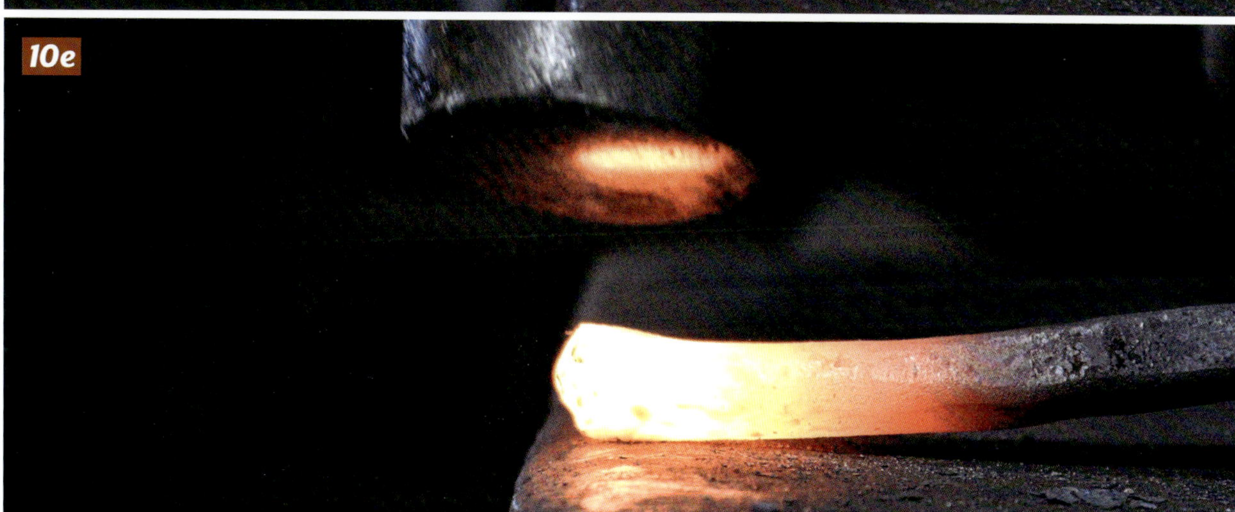

11. SCHMIEDEN DER RÄNDER

Schmieden Sie die Kanten der Stange von quadratisch über achteckig zu rund (a). Eine leicht gehämmerte Textur am Stiel ist dabei durchaus erwünscht. Nach dem Schmieden reiben Sie die Stange mit einer Drahtbürste ab (b). Anschließend richten Sie das Werkstück für den nächsten Schritt gerade.

11a

11b

12. KELCHBLÄTTER HERSTELLEN

Spannen Sie den Stiel mit dem gestauchten Ende nach oben in einen Schraubstock ein und zeichnen Sie ein Dreieck in die Mitte (a). Schneiden Sie mit einer Bügelsäge oder einem Winkelschleifer 10 bis 15 mm tief in die Linien des Dreiecks ein (b). So entstehen drei Kelchblätter: die blattartigen Teile einer Rose, die den Blütenkopf stützen (c). Erhitzen Sie dann das Material auf Dunkelgelb und spalten Sie die Kelchblätter mit einem Meißel auseinander (d).

13. BIEGEN DER KELCHBLÄTTER

Verwenden Sie die Ambosskante und biegen Sie die soeben geschnittenen und gebogenen Kelchblätter zu einem Kegel (a). Achten Sie darauf, dass Sie bei dunkelgelber Hitze schmieden und die letzten Schläge bei kirschroter oder schwarzer Hitze ausführen (b). Nach dem Schmieden rollen Sie die Kelchblätter zurück in eine natürliche Form.

14. SCHMIEDEN EINES ZAPFENS

Nachdem die Kelchblätter entstanden sind, schmieden Sie aus dem verbliebenen, zentralen Materialstück einen runden Zapfen (a). Bearbeiten Sie den Zapfen entweder durch Feilen oder Schleifen auf einer Bandschleifmaschine, bis er glatt ist (b).

15. MONTIEREN DER BLÜTENBLÄTTER

Nehmen Sie jedes Blütenblatt und körnen Sie jedes Blatt einzeln mittig an (a). Bohren Sie das gekörnte Loch in der Größe des Zapfens und befestigen Sie es am Stiel (b und c). Drücken Sie die Blütenblätter mit einem Durchschlag in die richtige Position (d und e).

15c

15d

15e

16. NIETEN

Wenn alles gut sitzt, können Sie den Stiel und den Blütenkopf vernieten. Verwenden Sie entweder einen Gasbrenner oder die Oberseite des Feuers, um den Zapfen weich zu glühen, falls dies erforderlich ist (a). Das Nieten kann auch kalt erfolgen, wenn die Größe es zulässt. Der Zapfen wird mit Durchschlag und Hammer vernietet, bis alle Teile der Blume fest sitzen (b).

17. FEINANPASSUNG

Erhitzen Sie zum Schluss den Stiel der Rose und formen und biegen Sie ihn nach Ihren Wünschen. Bürsten Sie die ganze Rose mit einer Drahtbürste und tragen Sie zum Schluss Bienenwachs auf (siehe Seite 113).

MATERIALIEN
- *Baustahl 6 x 19 x 200 mm*
- *Rundstahl 10 x 10 mm*

WERKZEUGE
- *Zange, sofern die Stange vor dem Schmieden zugeschnitten werden soll (alternativ kann eine Stange mit einer 19-mm-Aussparung verwendet werden)*
- *Französische Kreide/Speckstein*
- *Körner und Rundstempel*
- *Hammer mit Kugelkopf*
- *Schraubstock oder Klemme auf einer Metallbank*
- *Verdrehwerkzeug*
- *Dorn (3 % größer als der Niet)*
- *Niet (siehe Seite 162)*

ANGEWANDTE TECHNIKEN
- *Ausschneiden*
- *Abrunden*
- *Planschmieden*
- *Absetzen*
- *Durchschlagen*

PROJEKT 6: DIE FLACHMAULZANGE

Flachmaulzangen sind ein praktisches und vielseitiges Werkzeug, mit dem man verschiedene Arten von Material halten kann, darunter Rund- oder Vierkantstahl sowie Stahlblech. Zangen aus schwerem Material sind besonders stabil und haltbar – und sie erhitzen sich im Gebrauch am Feuer nicht so schnell, sodass man länger am Stück damit arbeiten kann. Massiv konstruierte Zangen sind jedoch auch aufwendiger in der Herstellung. Die Nutzung eines Maschinenhammers ist zu empfehlen. Für die ersten Schmiedeversuche tut es daher auch eine einfachere Bauweise.

WICHTIGER HINWEIS

Durch die Verwendung eines einfachen Stahls lassen sich Zangen schnell und einfach herstellen, sodass Sie viele Varianten des Werkzeugs anfertigen können. Jede Zange, die Sie besonders nützlich finden, können Sie zu einem späteren Zeitpunkt aus einem besseren Material herstellen.

1. MESSEN UND ANZEICHNEN

Markieren Sie das Material wie in der Abbildung gezeigt.

2. KÖRNEN

Den Körner mittig auf der Seite des Materials an zwei Stellen einschlagen.

3. ERWÄRMEN DER STANGE

Erhitzen Sie die Stange auf Hellgelb. Die Markierungen sollten auch danach noch zu sehen sein.

4. DEFINIEREN DER SCHARNIERPLATTE

Der nächste Schritt besteht darin, den Gelenkbereich zu definieren. Dazu wird die Stange an den markierten Stellen eingekerbt. Dieser Vorgang ähnelt dem Absetzen, allerdings wird hier kein 90-Grad-Winkel geschmiedet. Greifen Sie die Stange mit einer Zange und schmieden Sie diese an der ersten Markierung in einem Winkel von ungefähr 45 Grad über die Kante.

5. STANGE HERUNTER-SCHMIEDEN

Schmieden Sie die Stange bei hellgelber Schmiedehitze auf ein Drittel ihrer ursprünglichen Breite herunter (a und b). Wiederholen Sie diesen Vorgang auf Höhe der zweiten Markierung und achten Sie darauf, die Stange wie gezeigt umzudrehen (c und d).

6. AUSZIEHEN

Ziehen Sie beide Zangenschenkel auf die gewünschte Länge aus und lassen Sie am Ende etwas Material übrig. Anschließend werden die Schenkel nebeneinander verglichen (a). Bei Bedarf wird so oft nachgearbeitet, bis beide in der Länge übereinstimmen (b – e).

6d

6e

7. ABRUNDEN DER ENDEN

Die Enden der Zange können rund oder gerade geschmiedet werden – das ist eine Frage der persönlichen Vorliebe.

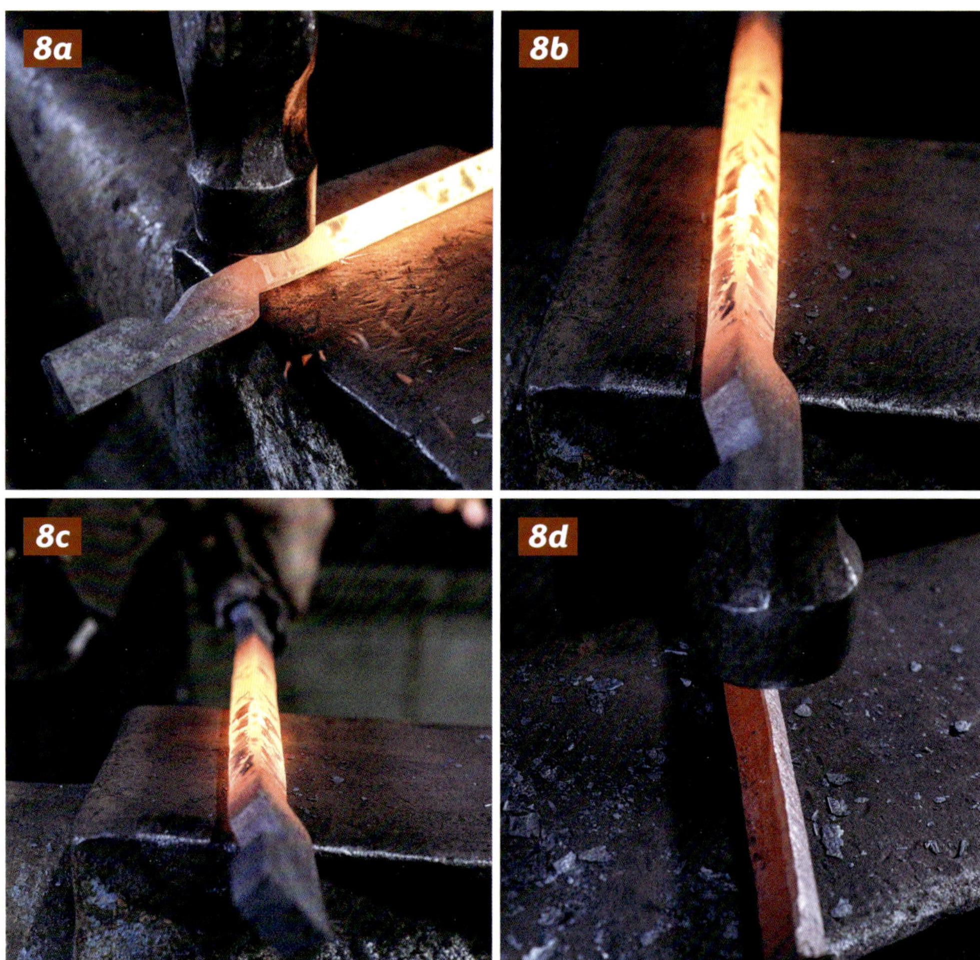

8. ANFASEN DER KANTEN

Jetzt, wo die Schenkel die gleiche Länge haben, geht es an die Optimierung der Griffergonomie. Dazu schmiedet man die vier Kanten der Stange ein und versieht sie mit einer Fase (a – c). Anschließend wird die Stange bei niedriger, kirschroter Hitze plan geschmiedet, um eventuelle Fehlstellen zu entfernen (d).

9a

9. FORMEN DES ZANGENMAULS

Zum Formen der Backen wird die Stange auf eine hellgelbe Temperatur erhitzt. Spannen Sie sie dann in den Schraubstock ein und drehen Sie die Backen mithilfe des Verdrehwerkzeugs um 90 Grad (a). Wiederholen Sie diesen Vorgang mit dem zweiten Zangenrohling und denken Sie daran, in die gleiche Richtung zu drehen wie beim ersten Mal (b). Achten Sie darauf, die Ecken des Übergangs zwischen den Backen und der Stirnplatte sauber zu formen. Mithilfe der Ambosskante gelingt ein glatter und rechtwinkliger Übergang (c und d).

9b

9c

9d

10

10. DURCHSCHLAGEN DES LOCHS

Ermitteln Sie die Mitte des Gelenkbereichs und schlagen Sie den Körner so tief ein, dass Sie den Punkt beim Erhitzen leicht wiederfinden können. Bringen Sie die Stange auf eine hellgelbe Schmiedetemperatur und treiben Sie den Durchschlag durch die Scharnierplatte, bis Sie das Loch vollständig ausgestanzt haben. Vergessen Sie nicht, die Stange umzudrehen und über das Rundloch des Ambosses zu legen, um die andere Seite durchzuschlagen und den Materialbutzen herauszudrücken.

11. AUFWEITEN DES LOCHS

Erweitern Sie das Loch mit dem Durchschlag und halten Sie das Material so nah wie möglich an der Schmiedetemperatur. Verwenden Sie einen Dorn, um das Loch zu vergrößern. Das Loch sollte etwa 3 % größer sein als der gewählte Niet, da sich der Stahl beim Abkühlen etwa um diese Menge zusammenzieht. Wiederholen Sie diesen Schritt mit dem anderen Zangenrohling und schlagen Sie die Löcher präzise durch, damit die beiden Seiten später übereinstimmen.

12. EINSETZEN DES NIETS

Machen Sie eine sauber-kompakte Kohlendecke ausfindig, bevor Sie den Niet ins Schmiedefeuer einbringen. So vermeiden Sie, dass der Niet im Feuer verloren geht, und Sie können den Niet auch während des Erhitzens leichter im Auge behalten, um sicherzustellen, dass er nicht verbrennt. Die Länger des Niets sollte die Gesamtdicke beider Frontplatten und zusätzlich das 1,5-fache des Niet-Durchmessers betragen. Diese Regel gilt für die meisten Nietverbindungen. Sobald der Niet eine hellgelbe Temperatur erreicht hat, führen Sie ihn durch die beiden Frontplatten der Zange (a). Legen Sie den Niet mit dem Kopf nach unten auf den Amboss, halten Sie die Schenkel der Zange fest (b) und hämmern Sie auf die Oberseite des Niets. Drehen Sie dabei die Schenkel, um alle Seiten des Niets gleichmäßig zu formen (c).

13. LÖSEN DER ZANGE NACH DEM NIETEN

Nach dem Nieten ist die Zange verklemmt (a). Um sie zu lösen und für den Gebrauch vorzubereiten, wird das Maul der Zange auf dunkelgelbe Temperatur erwärmt (b). Öffnen und schließen Sie die Zange in schneller Abfolge, bis der Gang gleichmäßig wird. Beim abschließenden Abschrecken muss die Zange weiterhin geöffnet und geschlossen werden, damit sie sich nicht „fest frisst“ (c).

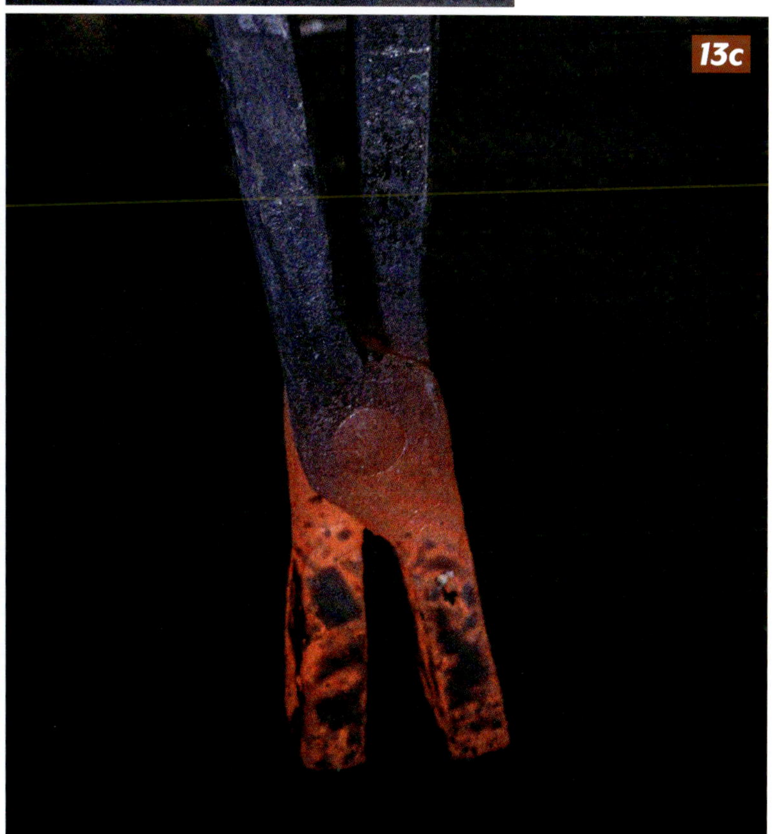

14. FORMEN DER GEZAHNTEN GREIFFLÄCHE

Erhitzen Sie die Backen der Zange auf die Schmiedetemperatur und setzen Sie einen Rundstahl mit 10 x 10 mm ein. Schlagen Sie auf die Oberseite der Zange, um die Zähne im Zangenmaul zu formen (a). Drehen Sie dann die Stange wie abgebildet (b) und wiederholen Sie den Hammerschlag, um eine Rille in den Backen zu erzeugen (c). Auf diese Weise können Sie sowohl Rundstahl als auch Vierkantstahl halten, was die Zange zu einer vielseitigen Ergänzung Ihres Werkzeugsatzes macht.

15. EINSTELLEN DER ZANGE

Stellen Sie die Zange ein, indem Sie die Backen, den Gelenkbereich und den oberen Teil der Schenkel erwärmen und die Backen auf das zu haltende Material spannen (a).
Drücken Sie die Schenkel zusammen, bis sie eine bequeme Halteposition erreicht haben (b).

PROJEKT 7: DAS MESSER

Ein Allzweckmesser kann zum Schnitzen von Holz, zum Jagen, Bushcraften und für andere Aktivitäten im Freien verwendet werden. Der Schliff – der Winkel und die Form der Klinge – bestimmt die Schärfe, Stärke, Haltbarkeit und Handhabung eines Messers. Die Klinge dieses Messers hat einen Skandi-Schliff (kurz für skandinavisch). Dieser besteht aus einer einzigen Fase, die von der Schliffkante aus in einem gleichbleibenden Winkel zur Schneide zusammenläuft.

WICHTIGE HINWEISE

- Beim Schmieden von Carbonstahl sollte die Arbeitstemperatur dunkelgelb bis maximal hellgelb sein. Bei einer niedrigeren Temperatur besteht die Gefahr, dass das Material reißt, während der Stahl bei höheren Temperaturen entkohlen kann.
- Beim Schmieden eines dünnen Flachstahls passiert es leicht, dass man den Rohling U-förmig biegt. Das lässt sich vermeiden, indem man den Stab bei der Schmiedearbeit ständig um 90 Grad dreht und zwischen den Schritten immer wieder flach schlägt.

TEIL 1: DIE KLINGE

MATERIALIEN

- *Flachstahl (Carbonstahl) mit einer Größe von 5 x 15 cm*

WERKZEUGE

- *Schmiedehammer*
- *Flachstahlzange*
- *Lineal oder Winkel und Kreide/Speckstein*
- *Feilen, Schleifsteine, Bandschleifer oder Spaltmeißel*
- *Zwinge*
- *Pflanzen- oder Rapsöl und Abschreckbehälter*
- *Magnet*
- *Ofen*

ANGEWANDTE TECHNIKEN

- *Wärmebehandlung, Härten und Anlassen*
- *Präzisionsschleifen und Messerschärfen*

1. SCHMIEDEN DER SPITZE

Erhitzen Sie den 5-x-15-cm-Carbonstahl auf Hellgelb (a). Schmieden Sie das Ende des Rohlings mit dem Schmiedehammer in einem 45-Grad-Winkel nach unten. Dabei formt sich die Messerspitze aus (b).

2. FEHLER VERMEIDEN

Beim Schmieden der Spitze (a und b) werden Sie feststellen, dass sich unter dem zu schmiedenden Bereich Material aufwirft. Wenn man nicht rechtzeitig entgegenwirkt, faltet es sich über sich selbst und es entsteht eine Überlappung. Das kann zu Rissen und Fehlern im Stahl führen, die dessen Stabilität beeinträchtigen und später zum Bruch der Klinge führen können. Um das zu vermeiden, wird der Rohling flach auf die Ambossfläche gelegt, um das gebündelte Material auf jeder Seite der Spitze immer wieder flach zu schmieden. Der Stahl muss dabei immer wieder erwärmt werden, sobald er auf eine rote Farbe abgekühlt ist. Sobald die Spitze ausgeformt ist, wird sie auf eine Seite heruntergeschmiedet. Dabei entsteht dann eine gebogene Klingenspitze (c).

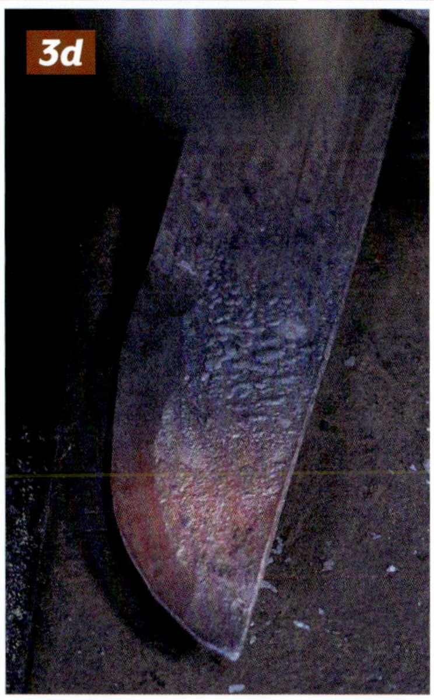

3. FORMEN DER SPITZE

Erhitzen Sie den gesamten Rohling auf Hellgelb und halten Sie ihn quer zur Bahnfläche des Ambosses. Hämmern Sie in einem leichten Winkel nach unten und arbeiten Sie sich allmählich zur Spitze des Rohlings (der späteren Klingenspitze) vor, um eine Fase zu erzeugen (a). Drehen Sie den Klingenrohling um und arbeiten Sie das Material über die entstandene Schräge nach unten (b). Fahren Sie mit der Bearbeitung beider Seiten fort und achten Sie darauf, die Fase recht kurz zu halten. Da der für dieses Projekt verwendete Stahl recht dünn ist, führt auch eine kurze Fase zu einem scharfen und stabilen Messer (c und d). Richten Sie die Stange bei kirschroter Hitze vorsichtig aus (e) und entfernen Sie jede unerwünschte Krümmung der Klinge (f).

4. ANREISSEN DER ANGEL

Messen Sie von der Klingenspitze 9 cm ab und markieren Sie diese Stelle mit Kreide oder Speckstein (a). Dieser Punkt markiert das Ende der Klinge und den Beginn der Angel. Die fertige Angel wird um 12 mm schlanker als der Rohling sein. Die Stärke jedoch bleibt gleich wie beim Rest des Messers (b–d).

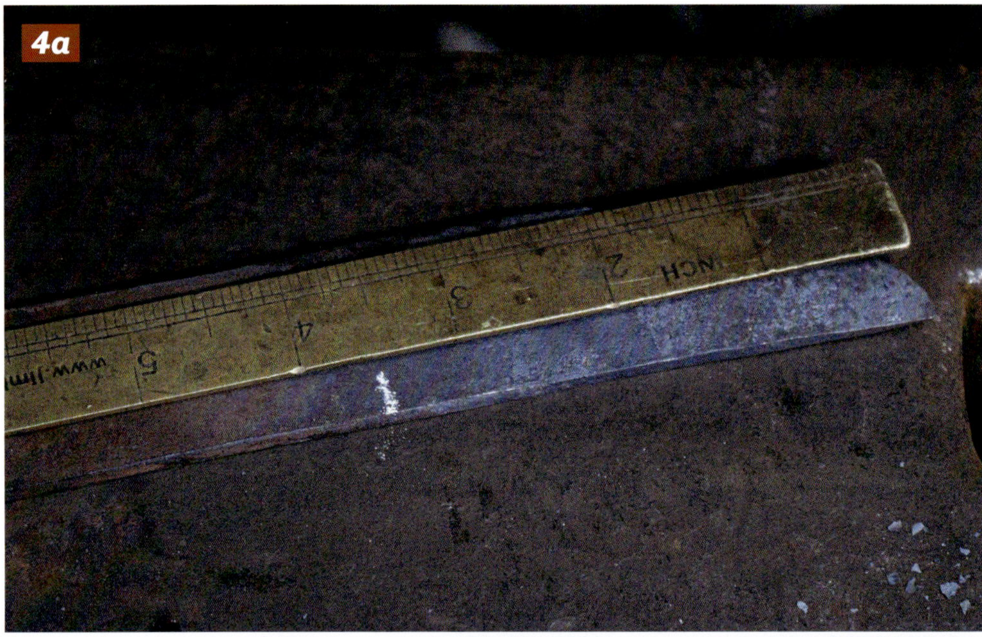
4a

4b

4c

4d

5. HÄMMERN DER KANTEN

Um die Angel zu schmieden, erhitzen Sie das unbearbeitete Ende des Rohlings auf eine orange Glühfarbe (a). Erstellen Sie dann einen Absatz und orientieren Sie sich dabei an den Markierungen (b).

6. SCHMIEDEN DER ANGEL
Nach dem Absetzen wird die Angel in Form geschmiedet. Nehmen Sie sich dabei Zeit, die Kanten und Flächen mit dem Hammer zu bearbeiten, damit die Angel nicht unnötig dick wird (a – d).

7

7. AUSFORMEN DER ANGEL-SCHULTERN

Die Schultern können mit einem Spaltmeißel oder durch Schleifen geformt werden. Orientieren Sie sich an den angezeichneten Schnittlinien. Die Schnittlinie sollte senkrecht zum Rücken des Messers verlaufen. Bei Nutzung eines Spaltmeißels müssen die Kanten und Ecken am Beginn der Angel glatt gefeilt werden, um die Gefahr von Spannungsbrüchen zu verringern.

8. NORMALISIEREN

Bevor das Messer im Öl gehärtet werden kann, müssen drei Normalisierungszyklen durchgeführt werden, um Gefügeungleichmäßigkeiten im Stahl sowie durch das Schmieden entstandene Spannungen zu entfernen. Weitere Informationen finden Sie im Kapitel über die Wärmebehandlung. Prüfen Sie stets die Spezifikationen Ihres Stahls und halten Sie sich an die Angaben zur Wärmebehandlung.

8

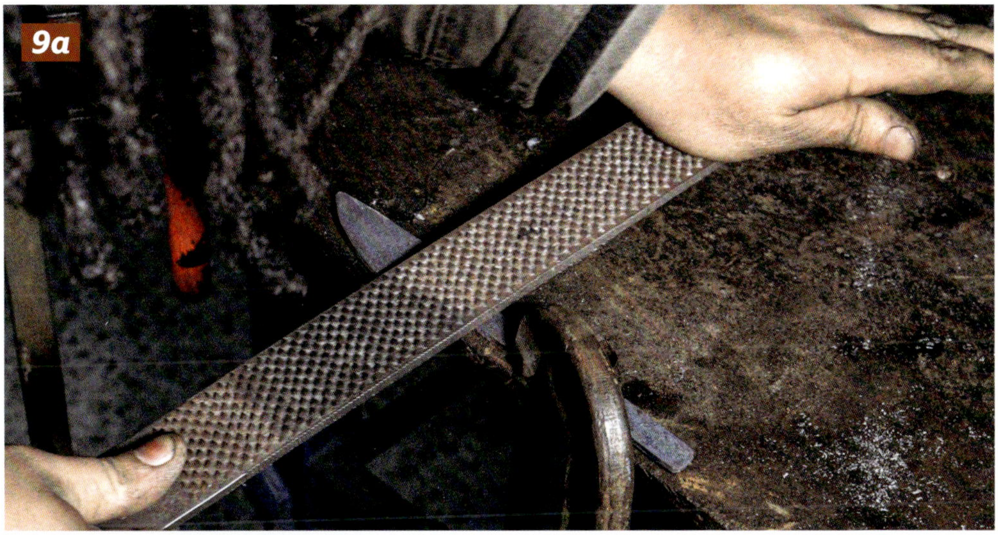

9. FEILEN DES MESSERS

Nun steht die Grundform und es kann an den Schliff gehen. Klemmen Sie die Klinge dazu parallel zur Kante Ihrer Arbeitsfläche fest und feilen Sie die Fase (a und b). Oberhalb der Schliffkante soll die Stahloberfläche im Schmiedezustand bleiben (c). Verzunderungen – die Oxidschicht oder auch Schmiedehaut, die sich auf dem auf Schmiedetemperaturen erhitzten Stahl bildet – sind besonders hart und können den Hieb der Feile verstopfen oder die Feile abstumpfen. Deshalb sollte man die Zunderschicht vor dem Feilen mit der Flex oder einem Bandschleifer entfernen.

10. ANLEGEN DER SCHNEIDE

Feilen oder schleifen Sie die Klinge entsprechend des gewünschten Querschnitts. Die Schneidkante sollte vor dem Härten eine Stärke von rund 0,5 mm aufweisen. Verfeinern Sie anschließend auch die Angel.

10

11. WÄRME-BEHANDLUNG

Nun folgt die Wärmebehandlung. Erwärmen Sie das Pflanzenöl, bis es etwa die Temperatur eines warmen Bades hat, und füllen Sie es in einen feuerfesten Abschreckbehälter. Erhitzen Sie die Klinge und testen Sie mit einem Magneten, wann dieser nicht mehr haftet (a). Sobald der Stahl nicht mehr magnetisch ist, kann die Klinge im vorgewärmten Öl abgeschreckt werden (b – d). Führen Sie anschließend eine Feile über die Klinge, um sie zu testen: Der Stahl sollte nun so hart sein, dass die Feile nicht mehr greift und nur noch darüber gleitet. Legen Sie die Klinge dann in einen auf 200 °C vorgeheizten Ofen und lassen Sie sie zwei Stunden ruhen.

12. BANDSCHLEIFER

Nach der Wärmebehandlung ist Feilen keine sinnvolle Methode mehr, um weiteres Material zu entfernen. Wer keinen Bandschleifer hat, muss die Klinge mithilfe eines Schleifsteins weiter formen. Bei Nutzung eines Bandschleifers muss man besonders darauf achten, die Klinge nicht zu überhitzen. Das würde die Wärmebehandlung zerstören. Schleifen Sie die Klinge mit immer feiner werdenden Körnungen von 150 bis 1.000 (a – c). Vergewissern Sie sich, dass Sie alle Riefen von der vorherigen Körnung entfernt haben, bevor Sie zur nächst feineren Körnung übergehen. Bei den höheren Körnungen wird auf einer Seite der Schneide ein Grat spürbar. Schärfen Sie anschließend die andere Seite, um diesen Grat zu entfernen und eine messerscharfe Klinge zu erhalten (d).

12d

TEIL 2: DER GRIFF

MATERIALIEN

- *Geweihstück mit einer Größe von etwa 45 x 10 mm*
- *Kupferblech mit einer Größe von 50 x 50 mm und 4 mm Stärke*
- *zurecht geschnittene Lederstücke 50 x 50 mm*
- *Klebeband*
- *Epoxidkleber und gemahlene Holzkohle*
- *Lederkleber*
- *Leinöl und Stahlwolle*

WERKZEUGE

- *Lineal aus Stahl und Bleistift oder Kugelschreiber*
- *Locheisen oder Ledermesser*
- *Handbohrmaschine oder Bohrmaschine*
- *Bohrer (in der Stärke der Angel)*
- *Kappsäge/Schmucksäge*
- *Schraubstock und Schraubzwinge*
- *Scharfes Messer*
- *Bandschleifer und Spaltmeißel*

WICHTIGE HINWEISE

- Für die Stapelmethode mit Epoxidharz kann fast jedes Material verwendet werden.
- Anstelle des Horns kann auch Holz verwendet werden. Die Arbeitsweise ist die gleiche, einschließlich der Notwendigkeit, beim Schleifen oder Feilen eine Atemschutzmaske zu tragen.

WARNUNG!

Tragen Sie bei der Arbeit mit Knochen eine geeignete Schutzausrüstung. Um das Einatmen von Knochenstaub zu vermeiden, sollte eine Atemschutzmaske getragen werden.

1. GEWEIHSTÜCK ANZEICHNEN

Anhand der fertigen Klinge wird die Breite des Erl am Geweihstück angezeichnet.

2. ANREISSEN

Markieren Sie mit dem Erl des Messers den Bereich, der von den Geweih-, Kupfer- und Lederteilen entfernt werden soll. Bringen Sie diese Markierungen jeweils mittig an (a). Schneiden Sie mit einem Locheisen oder einem Messer Schlitze in die Lederquadrate (b). Bei Geweih und Kupfer durchbohren Sie jeweils die obere und untere Markierung mit einem Bohrer, der der Dicke der Angel entspricht. Achten Sie darauf, innerhalb dieser Markierungen zu bleiben, um nicht zu viel Material zu entfernen (c).

3. SÄGEBLATT

Um das Material zwischen den Bohrlöchern im Geweih und im Kupfer zu entfernen, kann eine Kapp- oder Laubsäge verwendet werden. Führen Sie das Sägeblatt durch das Loch und spannen Sie die Säge vorsichtig. Schneiden Sie langsam und mit leichtem Druck von einem Loch zum anderen und entfernen Sie das dazwischen liegende Material. Der Durchbruch kann dann so gefeilt werden, dass er passgenau auf der Angel sitzt.

3

4. KLEBEN DER PASSUNG

Bevor das Messer zusammengeklebt wird, ist es wichtig, den Übergang zwischen der Messerklinge und dem Griff mit Klebeband abzukleben, damit kein Epoxid auf die fertige Klinge gelangt.

5. MISCHEN UND AUFTRAGEN DES EPOXIDHARZES

Nun können Sie das Epoxidharz anmischen. Eine kleine Menge hinzugefügter gemahlener Holzkohle verdunkelt das Epoxidharz (a und b). Füllen Sie mit dem Epoxidharz eventuell vorhandene Lücken in der Passung zwischen dem unteren Griffabschluss zwischen Geweih und Metall (c und d).

6. STAPELN DES LEDERS

Sobald der untere Griffabschluss an seinem Platz ist, können die Lederquadrate auf der Angel gestapelt werden. Tragen Sie zwischen jeder Lage eine Schicht Lederkleber auf und drücken Sie die Quadrate beim Stapeln fest an.

6

7. GRIFFABSCHLUSS

Stapeln Sie das Leder, bis nur noch etwa 10 mm der Angel hervorschauen. Setzen Sie nun die Endkappe aus Kupfer auf den Stapel.

8. PRESSEN DER GRIFFKONSTRUKTION

Spannen Sie den Stapel mit einer zusätzlichen Schraubzwinge in einen Schraubstock, um gleichmäßigen Druck auszuüben. Lassen Sie den Griff so lange eingespannt, bis der Klebstoff entsprechend der Herstellerangaben ausgehärtet ist.

9. FORMGEBUNG DES GRIFFS

Zum Ausformen des Griffs wird mit einem scharfen Messer, am besten einem Ledermesser, das über den späteren Griffumfang überstehende Leder vorsichtig weggeschnitten. Dann wird mit dem Bandschleifer nachgearbeitet. Diese Vorgehensweise ist deshalb sinnvoll, da der Leim und das Leder das Schleifband rasch verkleben.

9

10. FIXIEREN DES GRIFFS

Meißeln Sie zwei Kerben in die überstehende Angel, um den Griff zu fixieren. Achtung: Wenn die Angel nicht weichgeglüht wurde, besteht dabei die Gefahr, dass das Messer bricht.

11. ABSCHLUSS-ARBEITEN

Tränken Sie den Griff über Nacht in Leinöl und wischen Sie den Überschuss am nächsten Tag gründlich ab. Zum Schluss wird die Klinge noch mit Stahlwolle poliert.

FOTOHINWEISE

Alamy:
6 oben (Azoor Photo), 13 unten (Rob Lavers Photography), 14 (Jesper Jensen), 35 (Design Pics), 41 oben (Tim Gainey), 58 (Zoonar), 62 (caia image), 74 (Mira), 78 oben (Jeremy Sutton-Hibbert), 80–81 (Addictive Stock), 82 (Janet Horton)

Amber Books (Fotos von Adam Gnych & Mark Batley):
2–3, 5, 12, 17, 24–25, 27, 30, 39 unten, 40, 43 oben und Mitte, 44, 51, 52, 52, 53, 59 oben, 60–61, 63–65, 67–69, 76–77, 84–85, 94–95, 99, 102, 114, 115 oben, 120, 121 oben, 126, 134 oben, 135, 154, 166, 167 oben, 180 oben, 187 unten, 189

Dreamstime:
9 (Nightunter), 32–33 (Sonny379), 36 links (RedDaxLuma), 36 rechts (Vvoevale), 43 unten (Evilwata), 45 (Suryo), 50 (Absurdov), 52 (Tony4urban), 70–71 (Boatbird), 75 oben (Bozenafulawka), 75 Mitte (Ht-pix14), 75 unten (Professor25), 78 unten (Dmpalino), 79 (Kasparart), 86–87 (Emmanuel Lattes), 88–89 (Kampot), 93 oben (Q77photo), 93 unten (Rbrucew)

Getty Images:
6 unten (De Agostini/L. Pedicini), 7 (Christophel Fine Art), 8 (William Grundy), 37 oben (Bloomberg), 59 unten (Noah Clayton)

Daniel Johnson:
13 oben rechts und links, 15–16, 18–19, 28, 31, 48, 49, 66, 96–98, 100–101, 103–113, 115 unten links und rechts – 119, 121 unten–125, 127–133, 136–153, 155–165, 167 Mitte und unten–187 oben links und rechts

Patrick Mulrey:
23

Shutterstock:
34 (PhotoJuli86), 37 unten (Shutter Baby photo), 39 oben (Alex Boc), 41 unten (Roberto Sorin), 46–47 (Elena Zinenko), 54–55 (Tanya May), 56–57 (Drpixel), 72–73 (Olga Kolbakova), 83 (OSDG), 90 oben (ANGHI), 91 (SFROLOV), 92 (Berna Namoglu)

stock.adobe.com:
10–11 (ThisDesign), 20–21 (Fxquadro), 26 (Anterovium), 38 (mountainberryphoto), 42 (alfa27)

Topp & Co:
90 unten

silicovolcanoconiosis

EBENFALLS IM WIELAND VERLAG ERSCHIENEN

Gunther Löbach
Damaszener Stahl
Theorie und Praxis

176 Seiten
195 x 245 mm
Hardcover,
ISBN 978-3-938711-31-6
EUR 39,80

Damaszenerstahl ist ein faszinierendes Material, das die Menschheit seit mehreren tausend Jahren begleitet. In jüngster Zeit erlebt es weltweit eine Renaissance. Gunther Löbach erläutert in seinem umfassenden Buch die verschiedenen Arten von Damaszenerstahl und ihren historischen Ursprung. Er beschreibt anhand von Computerillustrationen die unterschiedlichen Muster und wie sie entstehen. Im großen Praxisteil geht er auf die geeigneten Materialien und die Ausrüstung des Schmieds ein, bevor alle wichtigen Arbeitstechniken im Detail beschrieben werden. Zahlreiche Praxistipps ergänzen das Buch. Sie sind zusätzlich in einem großen Poster für den Arbeitsplatz zusammengefasst.

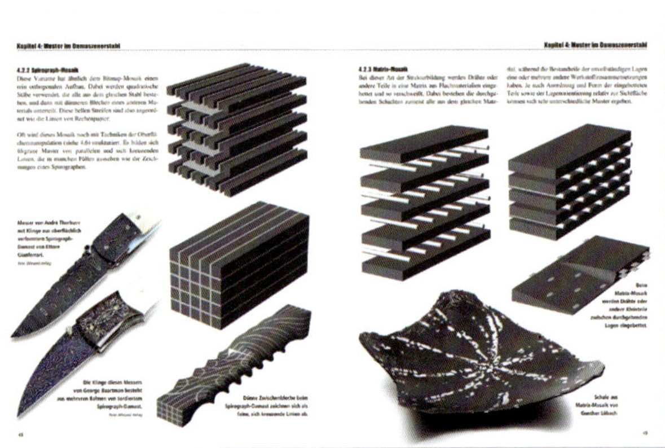

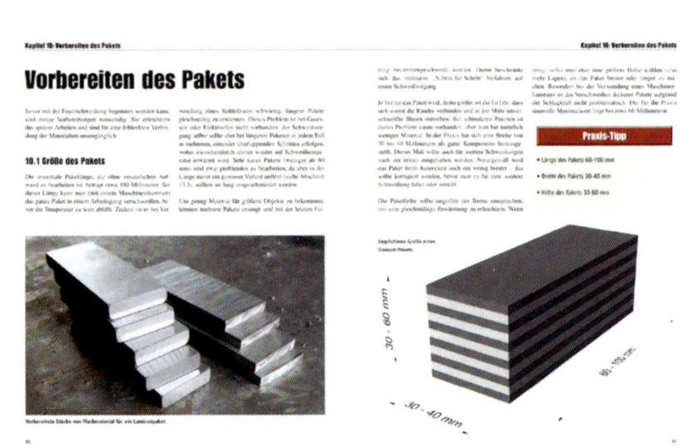

www.wieland-verlag.com

Rudolf Dick
JAPANISCHE SCHMIEDEKUNST
Werkzeuge · Messer · Schwerter

160 Seiten
160 x 230 mm
Hardcover
ISBN 978-3-938711-80-4
EUR 29,90

Erst 1000 Jahre später als in der westlichen Welt gelangte die Kunst der Stahlverarbeitung nach Japan. Umso erstaunlicher ist es, welche Hochkultur des Schmiedens sich im Land der aufgehenden Sonne innerhalb kurzer Zeit entwickelte. Erstmals erläutert ein Fachbuch die traditionellen Methoden der japanischen Werkzeug-, Messer- und Schwertschmiede und gewährt Einblick in deren Werkstätten. Reich bebildert wird an zehn typischen Beispielen, vom Rasiermesser bis hin zum Schwert, der Werdegang von charakterstarken Schmiedestücken erläutert. Kapitel über die älteste Kupferschmiede Japans sowie über die traditionelle Tatara-Stahlverhüttung runden diese einzigartige Dokumentation ab. Ein unverzichtbares Werk nicht nur für Hobby- und Profischmiede, sondern auch für alle Bewunderer japanischer Handwerkskultur.

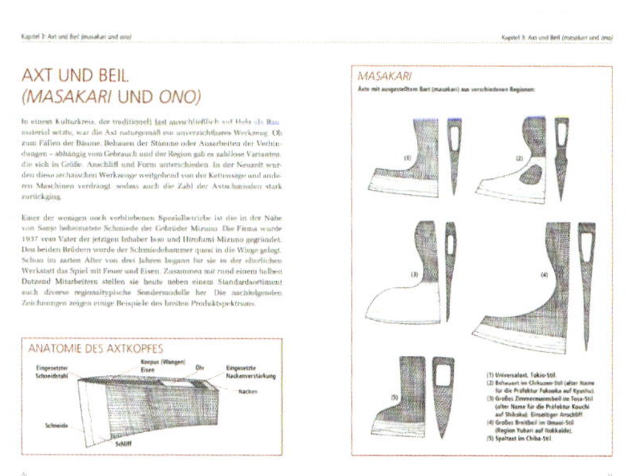